弘一法师的人生智慧

人生没什么

不能放下

王辉 著

北京日报出版社

图书在版编目（CIP）数据

人生没什么不能放下 / 王辉著 . — 北京：北京日报出版社，2024.7

ISBN 978-7-5477-4232-7

Ⅰ.①人… Ⅱ.①王… Ⅲ.①人生哲学—通俗读物 Ⅳ.① B821-49

中国国家版本馆 CIP 数据核字 (2024) 第 053217 号

人生没什么不能放下

出版发行： 北京日报出版社

地　　址： 北京市东城区东单三条 8-16 号东方广场东配楼四层

邮　　编： 100005

电　　话： 发行部：（010）65255876

　　　　　　 总编室：（010）65252135

印　　刷： 三河市龙大印装有限公司

经　　销： 各地新华书店

版　　次： 2024 年 7 月第 1 版

　　　　　　 2024 年 7 月第 1 次印刷

开　　本： 145 毫米 ×210 毫米　　1/32

印　　张： 6

字　　数： 118 千字

定　　价： 36.00 元

前言

20 世纪初，曾诞生过这样一位稀世之才，他为那个暗淡的时代添上了多种色彩。他如同流星一般，惊艳了那个麻木而昏暗的时代。他生于富贵之家，满腹经纶又风趣十足，潇洒半生红尘看尽。在声名鼎盛之时，却又一念放下，转身遁入空门，皈依律宗这一传承千年的法门，弘扬佛法。

他就是李叔同，出家后又号弘一法师。他是一个极具浪漫色彩的人，是一个内心炙热且纯粹的人。他可以毫不留恋地放下浮世虚名，转身进入古刹，从此身着青衫僧袍，青灯古佛为伴，晨钟暮鼓一生。他的前半生在文学、艺术、音乐、篆刻、绘画等领域都有建树，是多数人穷其一生也无法企及的。他对于佛法的理解、对于人生的顿悟更是多数人无法达到的高度。无论是做人还是修行，他都做到了极致。他的人生真正诠释了什么叫作拿得起放得下。

弘一法师已成为一个现象，市面上有很多关于弘一法师的研究著作和各类介绍性读物，传记有之，书画集有之，文学作品有之，史料文献亦有之。世间自从有了弘一法师这样一位极具色彩的人物后，几乎在各个历史时期，人们都十分乐意与他对话。

丰子恺曾以"'三层楼'之说"阐释老师弘一法师。他说："我以为人的生活可以分作三层：一是物质生活，二是精神生活，三是灵魂生活。物质生活就是衣食。精神生活就是学术文艺。灵魂生活就是宗教。"弘一法师认为财产是身外之物，学术、文艺都是暂时的心灵栖息，连自己的身体都是虚幻的。他不肯束缚自己的灵魂，希望追求生命的本源。

李叔同成为弘一法师后，他对一切都有了新的阐释。爱，不再是世俗之爱，而是慈悲之爱。前者是虚妄，转瞬即逝；后者惠及万物，永恒不变。生命不以生死为界，肉身可消殒，精神则可以不朽。修行之路漫长而曲折，它不在脚下，而在心间。人生的每一步，他都用心、用情、用全部力量在走。他的人生如一幕幕精彩的电影，每一句台词、每一个动作都十分标准，以追求自然极致。最终，在有限的生命里，弘一法师走出了一场无法超越的人生。

弘一法师无论从何种角度看，都是一座丰富多彩的宝库，要想探得其美、其真、其善，首先须存其真，然后才能求其理。在这样一位极具个性色彩的大师面前，任何脱离实证而自以为是的思辨都是可笑的。

研究弘一法师首先要读懂"放下"。"放下"一词承载了太多的内容。当今社会，人们的物质生活日益丰富，对精神生活的渴求逐渐强烈起来。于是，生活中便出现了各种各样的选择题。人的一生好比一段旅程，该怎么走，全靠自己。

生活中，可"放下"的东西有很多，比如放下烦恼、放下狭隘、放下面子、放下压力、放下荣誉、放下抱怨、放下束缚等等。只有真正从心底放下了，心灵才能得到解脱。

目录

第一章

一念放下，人生难得是从容

人生，一直在路上。

若只是一味地前行，

而不懂得适时放下，

又怎会不累呢？

人活的是一种心情，

生活就应该学会去繁从简。

宠辱不惊，闲看庭前花开花落，

去留无意，漫随天外云卷云舒。

一念放下，万般自在。

1.人生没什么不能放下

放下一切外物，觉得心闲省事。——弘一法师《佩玉编》

放下，是一种良好的心态；放下，是一种智慧。放下，你会有新的收获：放下压力，可以获得轻松；放下烦恼，可以获得快乐；放下自卑，可以获得自信；放下消极，可以变得积极；放下抱怨，可以获得坦荡；放下狭隘，可以获得自在……

人生在世，许多东西根本没有必要放在心上，只有懂得该放下时就放下，你才能抓住真正属于你的快乐与幸福。

《神雕侠侣》里有一个很重要的角色李莫愁，人称赤练仙子，师承古墓派，是小龙女的师姐。她因放不下对爱情的执念，导致性情大变，从此沦为了江湖的一代女魔头，出手狠辣，杀人如麻。在她每次出现的时候，必定要伴着"问世间，情是何物……"这样的吟诵声，显示出她的一生都不快乐，不禁让人扼腕叹息。

有人说，沙丘最早不过是被草丛拦住的小土堆，只是后来拦住了更多的沙土，成了大沙丘。人们心里的牵绊，就像是最初的那个草丛，如果初时就放下了，便不会有什么不好的影响。但是如果没有放下，随着放不下的越来越多，日积月累下来，便纠结成了一个大沙丘，又如何能够活得幸福呢？所以，该放下的就放下是一种的洒脱。

一个小伙子双手拿着一对漂亮的花瓶，来到智者面前，说是作为礼物送给智者。

智者对小伙子说："放下！"

小伙子于是放下他左手拿的那个花瓶。

智者继续说："放下！"

小伙子于是又放下他右手拿的那个花瓶。

然而，智者还是对他说："放下！"

这时，小伙子疑惑了，他说："我已经两手空空，没有什么可以再放下了，请问现在你要我放下什么呢？"

智者回答说："我并没有叫你放下你的花瓶，我要你放下的是你的六根、六尘和六识。当你把这些统统放下，你将从生死桎梏中解脱出来。"

这时小伙子才明白，原来智者让他放下，是从一个人的内心开始的。

放下，并不是一件容易的事。一个人有了功名，就对功名放不下；有了金钱，就对金钱放不下；有了爱情，就对爱情放不下；有了事业，就对事业放不下。

而我们岂止手上有花瓶？在我们肩上有重担，心上有压力，这些重担与压力，可以说使人生活得非常累。必要的时候，不妨学学放下。

要知道，成功并不总是青睐那些死守一个真理的执着者，还格外偏爱那些懂得适时变通的聪明人。要想达到自己的目标，我们固然要拿得起。但与此同时，当我们发现一条路行不通时，死守就不是坚持，而是固执了，这时就要学会及时地放下。片面地偏向任何一点，生命的天平都有可能发生难以控制的偏斜，从而给自己造成无法挽回的损失。

38 岁时，李叔同毅然放下一切，决然出家。他在出家前曾预留了三个月的薪水，将其分为三份，其中一份连同自己剪下的一绺胡须，托老朋友杨白民先生转交给自己的日籍妻子，并拜托朋友将妻子送回日本。从这一细节可以看出弘一大师内心的柔情和歉疚，以及处事的细心和周到。他在出家前曾写给日本妻子一封信：

诚子：

关于我决定出家之事，在身边一切事务上我已向相关之人交代清楚。上回与你谈过，想必你已了解我出家一事，是早晚的问题罢了。经过了一段时间的思索，你是否能理解我的决定了呢？若你已同意我这么做，请来信告诉我，你的决定于我十分重要。

对你来讲硬是要接受失去一个与你关系至深之人的痛苦与绝望，这样的心情我了解。但你是不平凡的，请吞下这苦酒，然后撑着去过日子吧，我想你的体内住着的不是一个庸俗、怯懦的灵魂。愿佛力加被，能助你度过这段难挨的日子。

做这样的决定，非我寡情薄义，为了那更永远、更艰难的佛道历程，我必须放下一切。我放下了你，也放下了在世间累积的声名与财富。这些都是过眼云烟，不值得留恋的。

我们要建立的是未来光华的佛国，在西天无极乐土，我们再相逢吧。

为了不增加你的痛苦，我将不再回上海去了。我们那个家里的一切，全数由你支配，并作为纪念。人生短暂数十载，大限总是要来，如今不过是将它提前罢了，我们是早晚要分别的，愿你能看破。

在佛前，我祈祷佛光加持你。望你珍重，念佛的洪名。

叔同　戊午七月一日

该放下的就放下是智者的洒脱，因为放下本身并不容易。尤其是爱情中的放下，需要更大的勇气。

其实，世人或多或少都会背上一些本来不该背的包袱。这些包袱大多是由攀比之心引起的，比如同事的住房比我的大，朋友的孩子比我的孩子优秀，甚至邻居家的电视机比我们家的款式新，我们由此都会产生心理不平衡，背上沉重的包袱。这些包袱压着我们，令我们觉得很沉重，很苦闷，总有一天，它会把我们压垮。所以，做人最高的境界是"该放下的就放下"。

▶ 放下的智慧

人生旅途充满变数，所以你要学会放下，学会豁达，学会心胸开阔；所以你随时要学会用淡泊的心态去看待事物，一切随缘，一切随意，一切随势。学会了放下，你就会拥有幸福与快乐，你就会轻松愉快地享受现在的美好生活！

◎2.放下过往的牵绊

自处超然，处人蔼然；无事澄然，有事斩然；得意淡然，失意泰然。——弘一法师《格言别录》

每个人对生活的要求不同，所以面对生活的感受也不一样。回首过往，许多人会感叹自己这么多年来活得太累，每天都有一大堆事情要做，似乎没时间休息，也没时间去做一些自己曾经喜欢做的事情。

生活中有很多人感觉自己活得很迷茫，原因便是他们心里有太多放不下的牵绊，所以才会想不明白生活的本质是什么，不知道自己到底是在追求着什么。因此，放下牵绊，心无旁骛地享受生活，人们的头脑才会清晰，生活才会幸福。

生活中，其实有很多事情，并没有我们想象的那么复杂。往往牵制住我们的不是什么大事，而是我们自己的情绪，是情绪使我们步履不稳，甚至让我们摔倒在地。

一个猎人非常喜欢在冬天打猎。有一天天气十分寒冷，猎手带上他的猎枪，到几十里外的森林里去打猎。他想，如果自己幸运的话，可能会捕到一只狍子，这样自己就能安安稳稳地过好这个冬天了。

在他进入山林不久，就发现了狍子留下的痕迹，这让他喜出望外。猎人压抑不住内心的兴奋，马不停蹄地沿着狍子留下来的痕迹追去。

顺着狍子留下的痕迹，猎人来到了一条结冰的河流跟前。那是一条很宽的河流，河面已经结了冰。因为自己之前从来没有在冬天的时候来过这片林区，猎人根本无法根据自己的经验去判断，河面上的冰层能否承受得住他的体重。虽然从冰面上可以看到一些淡淡的狍子脚印，可猎人不能判断这是只大狍子还是只小狍子。若过去的是只小狍子，以自己的体重，肯定是过不去的。但最终捕猎狍子的强烈欲望战胜了猎人的胆怯心理，他决定冒一次险。可毕竟事关生死，猎人还是有些心虚。

猎人跪下来，用双手和膝盖小心翼翼地在冰面上爬行。当他爬到河中心的时候，似乎听到了冰面裂开的声音，他觉得自己随时都有可能跌落下去。很明显，在这个寒风凛冽的日子，在这人迹罕至的荒郊野外，一旦跌入冰河中，将必死无疑。

一股巨大的恐惧感向猎人袭来，狍子已经没有任何吸引力了。此刻，他只想返回，回到安全的岸上。但他已经爬得太远了，无论是继续爬到对岸还是返回去，他都感觉危险重重。他的心在惊恐紧张中怦怦地跳个不停，而人则趴在冰面上瑟瑟发抖，进退两难。

就在此时，猎人听到了一阵嘈杂的声音。当他心惊肉跳地向前望去时，他看到一个农夫驾着一辆满载货物的马车，正悠然地驶过冰面。当注意到眼前这个匍匐在冰面上、满脸惊恐的猎人时，农夫一脸的莫名其妙，他甚至以为自己遇到了一个受到惊吓的疯子。

很多时候，让我们踌躇不前的，并不是受到了外界的阻挡，而是受到了内心的牵绊。

要学会放下牵绊，生活中没有什么是放不下的。即使是对某件事情到了非常痴迷的地步，只要有人用心地劝导，只要能够听从他人的意见，都可以放下。

有的人会说，自己所处的环境太糟糕，许多事情都要去面对，如何能够放下？这样的想法其实是错误的。就好比庄子，一生贫苦，虽时运不济，却也过得自在轻松，为什么呢？这便是思想的力量。

一个人只要在思想上能抛开一切烦恼，放下得失，即便很清贫，也会生活的很快活。神仙之所以是神仙，就是因为世俗的一切烦恼都无法纠缠他们。

幸福往往是与我们的内在素质紧密联系的，比如思想、品质、素养、心志等。所以，想要过得幸福，必须在思想上放下牵绊，心无旁骛地享受当下。

李叔同年轻的时候曾多次参加科举考试，屡试不第，直到光绪二十九年（1903 年）秋天，李叔同参加了在开封举行的乡试，那是河南省举办的最后一次乡试，结果依然没有考中。

从此以后，李叔同放下了对科考的追逐。也许追逐科考并非出自他的本心，以他后来学贯中西和对文学与艺术的造诣来看，他的成就要远远大于科举考试本身。

▶ 放下的智慧

只要放下过往的牵绊，重新调整生活，将愿望放在一个自己可以看到的地方，将现在的行动与未来的梦想联系起来，让自己慢慢靠近梦想，这样就不会感觉生活太累，幸福和快乐也将一步步变为现实。

要想真的学会放下，还需要我们跟随本心，去体验生活，才能轻松地放下牵绊，从容地享受着当下的幸福生活。

3.人生要活得潇洒

门外风花各自春，空中楼阁画中身。而今得结烟霞侣，休管人生幻与真。——弘一法师《和宋贞题城南草堂图原韵》

草色人心相与闲，是非名利有无间。我们应当怀有一颗豁达的心，努力做到"不以物喜，不以己悲"。豁达是一种格局和气度，是一种坦然的心态。

在人生漫漫旅途中，我们会遇到各种各样让我们悲伤痛苦的事情，这时拥有一种豁达的心态是至关重要的。豁达的心态能够让人从挫折的阴影中迅速走出来，能够让人坦然地看待人生的失意。豁达是一种智慧，是一种更高的人生境界。豁达的人，心胸开阔，能做到"宠辱不惊，看庭前花开花落；去留无意，望天上云卷云舒"，无论得失，都能坦然面对。

在一个炎热的夏天，小和尚看到禅院的草地枯黄了一大片，很是难看，就跟师父说："师父，我们在上面撒些草种子吧？"师父回答道："等到天凉的时候吧！"

中秋的时候，师父带回来一袋草种，叫小和尚撒在院子里。

这时刮过一阵秋风，很多种子都被吹跑了，小和尚喊道："师父，种子被吹跑了。"师父说："没关系，被吹跑的种子多半都是空的，种下也不会发芽！"

种子撒完后，有几只小鸟飞过来啄食。小和尚又喊道："师父，不好了，种子都被小鸟吃了。"师父说道："没事，种子很多，吃不完的。"

等到半夜的时候，下了一场大雨，小和尚早上匆忙跑出去看，跟师父说道："师父，好多种子都被雨水冲走了，怎么办啊？"师父淡然地说道："冲到哪里就在哪里发芽吧！"

一个星期之后，禅院原本光秃秃的地上长出了很多嫩芽，就连最初没有撒种子的地方也有，小和尚兴奋地直拍手，师父坦然地说道："发芽了！"

师父是顺其自然，把握机缘，不强求、不悲观、不忘然。就像金无赤金一般，生活也不会没有一点缺憾，因此我们不应该去抱怨，更不应该悲观失望，而应当怀有一颗豁达的心，顺其自然。就像人要想获取成功就应当顺应天时地利一样，而不应当逆势而行。

不要幻想生活中的每一天都会温暖如春，人生中难免遇到坎坷和无奈。有时，磨难是上天给予我们的另一种馈赠，它能磨炼我们的意志，让我们变得更加坚强。

在失意和受挫之时，让豁达之心引导我们迅速地从悲伤中走出来。风雨过后终究会见到彩虹，就像今天的太阳落下去了，明天的太阳依旧会照样升起来；就像秋天的落叶洒满大地，春天又将焕发出勃勃生机。豁达是一种洒脱，是对自己内心的一种平和，是生活练就的一种成熟。

38 岁的李叔同尝试着在寺庙中修行了一段时间后，认为找到了心灵的归宿，就这样毅然决然地落发为僧。十年前，风华正茂的他在日本东京认识了一个女人，他为她倾注了全部的热情和感情。但如今，丈夫决定离开这繁华世界，皈依佛门，而柔弱的日本妻子除了理解，无法给予他更多心灵上的抚慰，这是最后的送别。

二人相顾无言，唯有泪千行。他们都是情感内敛之人，因此没有表现得太激动。他们和随行而来的几个朋友一同在岳庙前临湖的素食店进餐，吃了一顿食之无味，却又不得不吃的素斋。期间，李叔同把自己的手表交给妻子作为纪念，还平静地安慰她："你有技术，就算回日本去也不会失业。"

饭后，二人道别。

在灰蒙蒙的晨雾里，两人各乘一叶小舟，对立船头，一人着素朴僧衣，一人穿异域和服。女子盯着那僧人凝视许久，开口道："明天，我就要回国了。"

僧人只是说了一句："好。"

女子含泪悲唤："叔同……"

僧人："请叫我弘一。"

女子低头，沉默良久，问："弘一法师，请告诉我什么是爱？"

　　僧人答："爱，就是慈悲。"

▶放下的智慧

　　普希金说过："忧郁的日子里须要镇定。"当我们要做出人生抉择时，不要逃避，不要悲观，坦然接受。豁达的心可以开拓出更广阔的人生天地，那是一种超然的境界，是人生的大智慧，就像王维"行至水穷处，坐看云起时"那般的超脱。用豁达之心对待人生，你就不会被名所累，被利所困，而会拥有成熟、纯美、洒脱的人生。

D 4.无欲而通达

谦退是保身第一法，安详是处事第一法，涵容是待人第一法，恬淡是养心第一法。——弘一法师《格言别录》

世人皆热衷功名，正是想以此显示自己的能力之强，孔子却对颜回的淡泊自守大加赞赏："一箪食，一瓢饮，在陋巷，人不堪其忧，回也不改其乐。"人正是因为无欲而快乐，因为豁达而强大。

丰子恺曾经这样解释自己的恩师李叔同从艺术到思想的人生升华：

当时人都诧异，以为李先生受了什么刺激，忽然"遁入空门"了。我却能理解他的心，我认为他的出家是当然的。一些人做人很认真，满足了"物质欲"不够，满足了"精神欲"还不够，必须探求人生的究竟。他们以为财产和后代子孙都是身外之物，学术文艺都是暂时的美景，连自己的身体都是虚幻的存在。他们不肯做本能的奴隶，必须追究灵魂的来源、宇宙的根本，这才能满足他们的"人生欲"。世间就不过这三种人。

丰子恺"三层楼"的说法让人十分形象地认识到人的境界层次，但并非必须如现实中一样，要想去三楼，一定要经过第一层和第二层。

有很多人，从第一层直上第三层，并不需要通过第二层，甚至无须知道第二层的存在。还有许多人连第一层也懒得通过，直接上第三层。

诚然，弘一法师让人称道和感叹的是，他是一层一层走上去的，并且尽到了每一层应尽的责任，正如很多熟悉他的人对他的评价：是个认真、细致的人。他早年对母尽孝，对家庭尽责，安安心心、泰然自若地居住第一层楼中，正如社会上大多数人一样。中年专心研究艺术，发挥多方面的天赋，便是从一楼稳步走上二楼了。之后，内心强大的李叔同不再满足于第二层楼，于是，他遵从自己的内心，向着少人问津的第三层楼爬去。做和尚，修净土，持戒律，丝毫没有违和感，对他而言，艺术的顶峰与宗教无限接近，二楼扶梯的尽头自然就是三楼。所以李叔同能够由艺术升华到宗教，由儒雅才子成为弘一法师，也并非奇闻了。

人的境界毕竟是摸不着看不到的，有的人终其一生都无法体悟弘一法师的道心和境界。我们只需知道，弘一法师做到了人生的三个境界：

认识自我，超越自我，完善自我。

▶ 放下的智慧

每个人内心里都有一座宝藏，很多人因为追求外界的欲望，所以忽视了自己内心的宝藏。

其实，一经挖掘你就会发现，自己是一个什么都不缺少的人，一路走来我们并不需要过多外界的物质来满足自己的欲望。做到无欲，人生自然通透。

⟩5.舍得一时，收获一生

张梦复云："受得小气，则不至于受大气。吃得小亏，则不至于吃大亏。"——弘一法师《格言别录》

文学大师梁实秋先生生前患有糖尿病。有一天和朋友们一起聚餐，当美味的菜肴端上来之后，梁先生一口都没动，众人疑惑不解，梁先生解释说，他不能吃那种带有甜味的熏鱼。冰糖肘子上来了，他又对大家说这个碰都不能碰。什锦炒饭端上来的时候，他依旧说不能吃，原因是淀粉会转化成糖。因此，在大家都狼吞虎咽的时候，梁实秋先生一筷子都没有动。

最后，服务员端上了八宝饭，大家都料定梁先生肯定也不会碰这种食物，因为那里面既有糖，又有能转化成糖的饭。哪知一端到桌上，梁实秋先生立刻高兴地笑着说："这个我要吃。"朋友们立即提醒他，这个里面既有糖又有饭。

"我前面都不吃，就是为了留下机会吃八宝饭。我血糖高，得忌口，所以必须计划着，将配额留给最爱。"梁实秋先生笑着说。

每个人的生活中都存在配额问题。如果你仔细揣摩那些伟人的成功经历，就会发现他们大多是懂得调节配额，节制自己，集中力量在某些重要的事情上，才有后来的杰出成就。

列夫·托尔斯泰在小说《一个人需要多少土地》中，讲述了这样一个故事：对土地贪得无厌的帕霍姆，最终在用脚丈量土地的贪婪中吐血而死。他的仆人发现，"帕霍姆最后需要的土地只有从头到脚六英尺那么一小块"。很多人的生命都浪费在那些看似重要，实际却微不足道的事情上了。

看透生命和世事的无常，便会看透得失之理；明白得失，才不会被物欲所驱使，才能够看得清生命的本质，抛得开功名利禄，找到生命快乐的源泉。

从某种意义上说，得到和失去是成正比的，因此我们必须对自己的生活有计划，哪些是必须去做的，哪些是应该放弃不去做的。正像梁实秋先生那样，他能吃到八宝饭，是以放弃之前所有的美味佳肴为代价的。

上天对每个人都是公平的，他给了我们每个人相同的时间，也赋予每个人相似的智商，可最后，总是有的人在不断劳碌却没有大作为，而有的人却能够有所成就。原因就是有些人懂得"舍得"，懂得为了得到一些东西就必须要有所放弃，正应了那句老话"鱼和熊掌不可兼得"。

读书的时候，如果你贪玩忘记了时间，或者没有节制地娱乐，被玩心所累的你就不可能在学业上有所进步。工作的时候，如果你总是希望得到赏识，得到提拔，却忘乎所以地陶醉在自己的已有的成绩中，忘记了全力争取，奋力拼搏，只是整日在怀才不遇的想法中虚度，那么，你在事业上就不会有所成就。

夏丏尊虽是一位忧国忧民且古道热肠的人，但也正如他自己所以为的那样，在那个时候，他身上的少年名士气息已歼除殆尽，只想在教育上做一些实际的工作。因此，从另一个角度上讲，他并不热衷于政治。他跟李叔同一样，并不愿参与社会政治活动。

1912 年，社会上一时盛传要进行普选。夏丏尊不愿当选，便改名"丏尊"，以代替读音相近的"勉旃"，有意让选举人在填写"丏"字时误写为"丐"而成废票。当然，此后并未真的实行普选，但他的性情则由此表露无遗。

李叔同比夏丏尊长六岁。但他俩气味相投，加上李叔同比之于夏丏尊多少显得豁然，而夏丏尊比之于李叔同又多少显得老成，所以，他俩几乎没有什么年龄上的隔阂。有一幅《小梅花屋图》上的题跋颇能说明他俩的性情和友情。当时李叔同住在学校的宿舍里，而夏丏尊则住在城里的弯井巷。夏丏尊在那里租了几间旧房子，由于窗前有一棵梅树，遂取名叫"小梅花屋"。"小梅花屋"里挂有李叔同的朋友陈师曾赠的《小梅花屋图》一幅，图上有李叔同所题《玉连环》词一首，词曰：

"屋老，一树梅花小。住个诗人，添个新诗料。爱清闲，爱天然。城外西湖，湖上有青山。"

没有什么种子是随意撒到土中，就会按你的期望结出累累果实的。如果你只期盼着它硕果累累，只问收获而不问耕耘，忽略平日对它的管理，它就绝对不可能在秋天结出令你满意的果实。

如果只顾眼前的利益，得到的总是短暂的欢愉，而并非你想要的收获。要想获得成功，你就必须放弃一些，必须懂得朝着正确的方向努力耕耘，即使失败你也收获了经验，这样下一次耕耘就会少走弯路，使努力变得有效。

很多人忙忙碌碌过一生，付出许多努力，但到头来却鲜有收获。因为他们往往在选择时抱有侥幸心理，总是希望自己能够得到更多，放弃得越少越好，甚至不切实际地将自己的目标锁定在许多方向，每个方向都在尽力。但是，因为对各种目标的盲目顾及，到最后只会手忙脚乱，不光将自己弄得疲惫不堪，也荒废了自己的人生。

▶ 放下的智慧

懂得放弃、牺牲的人才是最懂得如何有效支配自己人生、经营自己人生的人，他们也因此能够超越自己。所以，想要得到就得有所失去，有时候，放弃也是一种收获！

6.宠辱不惊，顺其自然

何以息谤？曰：无辩。何以止怨？曰：不争。——弘一法师《格言别录》

《小窗幽记》中有这样一副对联："宠辱不惊，看庭前花开花落；去留无意，望天上云卷云舒。"

寥寥数语，深刻道出了人生对事对物、对名对利应有的态度：得之不喜、失之不忧、宠辱不惊、去留无意。这样才可能心境平和、淡泊自然。一个"看庭前"三个字，大有躲进小楼成一统，管他春夏与秋冬之意；而"望天上"三字则又显示了放大眼光，不与他人一般见识的博大情怀；一句"云卷云舒"更有大丈夫能屈能伸的崇高境界，与范仲淹的"不以物喜、不以己悲"实在是异曲同工，更有魏晋人物的旷达风流。

因此，当一个人凭借自己的勤奋，靠自己的聪明才智获得荣誉、奖赏、爱戴、夸耀时，仍然应该保持清醒的头脑，有自知之明，切莫受宠若惊，飘飘然地自觉豪光万丈，所谓"给点亮光就灿烂"。

人生当宠辱不惊，当拥有如弘一法师般"布衣可终身，宠禄岂可赖"的胸怀。一切的繁华荣耀只不过是过眼云烟，荣誉终究会成为过去，不值得夸耀，更没有什么留恋的必要。有一种人，也肯于辛勤耕耘，但却经不住诱惑，有了点荣誉、地位就开始沾沾自喜、得意忘形，甚至借此为资本，四处炫耀，不能自持。更有甚者，一朝得势便横行无忌，在这种人的心中宠禄占有很大的位置，也因此，在受辱时难以重新振作。唯有那些宠辱不惊者才可泰然久处于世。

有一位禅师叫白隐，他的故事在各地广为流传。

据说有一对夫妇，在白隐的住处附近开了一间商店，家里有一个漂亮能干的女儿。

无意间，这对夫妇发现女儿的肚子无缘无故地大起来。女儿做了这种在当时见不得人的事，让她的父母感到既震惊又愤恨。在父母的百般逼问下，她吞吞吐吐地说出"白隐"两个字。

女孩的父母怒不可遏地去找白隐理论，白隐对这件事并没有矢口否认，而是很淡定地反问："是这样吗？"孩子生下来后被交由白隐抚养，此时他虽已名誉扫地，但却泰然自若，非常细心地照顾着那个婴儿。他向附近的村民讨来婴儿所需的奶水和其他用品，虽不免横遭白眼，被冷嘲热讽，但他总是能处之泰然。

直到这位未婚的妈妈再也无法承受内心的谴责，不忍心再继续隐瞒下去了。她老老实实地向父母吐露真情：这个孩子的生身父亲是一个卖鱼的青年。

知道真相之后，女孩的父母亲立即带她到白隐那里道歉，请求白隐的原谅，并将孩子带回。白隐仍是淡然处之，只是在交回孩子的时候，柔声说道："就是这样吗？"仿佛什么事情都没有发生过，一切仅像温暖的微风拂过耳旁，转瞬即逝。

白隐为了给邻居的女儿生存的机会和空间，不惜代人受过，使自己蒙受不白之冤。虽然遭受人们的冷言冷语，但是他始终处之泰然。"就是这样吗？"这么简简单单的一句话，就是对"宠辱不惊"的最佳解释。

人生无坦途，在漫长的道路上，任何人都有可能遭遇失败和挫折。人类科学史上的巨人爱因斯坦，在报考大学时，因除数学和物理外的成绩不理想，被推荐去一所中学补习一年。

贝多芬曾陷入近乎绝望的困境中，正当他前途似锦之时，他的双耳失去了听觉。贝多芬一度无法接受这个残酷的现实，整天酗酒，真想一死了之。但是，音乐的力量又使他重拾了信心，给了他第二次生命。他以更坚强、更无畏的精神来面对现实的困难。"我要扼住命运的喉咙……"这种伟大的精神促使贝多芬在常人无法想象的痛苦中创作出了举世闻名的《命运》交响曲。

俗话说："不磨不成玉，不苦不成人。"人的一生，就好比那簇簇繁花，既有耀眼夺目之时，也有黯淡萧条之日。面对成功或荣誉，不要狂喜，也不要盛气凌人，而是将功名利禄看淡；面对挫折或失败，不要悲伤，更不要自我放弃，而是看得远些，看得开些。

▶ 放下的智慧

做人有时就该糊涂一点。不仅仅是在受辱的时候，即便春风得意时，也不要过于计较。因为无论宠辱，都是有尽头的，一切都将过去，看得太重反而会成为一种负累。

7.放下内心的羁绊

陈榕门云：定火工夫，不外以理制欲。理胜，则气自平矣。——弘一法师《格言别录》

生活就像一条线，人们承受的各种各样的压力让这条线打了不少的结，越用力，结系得越紧，想解开就越难。相反，试着放手，却可能取得意想不到的效果。

1918 年，38 岁的艺术教师、曾经的津门桐达李家公子哥李叔同终于放下世俗的一切，在杭州出家当了和尚。这本来是个人行为，但因为他的身世和在天津、上海的影响力，经过报纸传播，很快成为轰动全国的公众事件。在李叔同的老家天津，报童边跑边卖力挥舞着手中的《大公报》，当天的报纸很快被抢购一空。

李叔同的老乡们用充满戏谑味道的地道天津话议论纷纷："桐达李家的三公子为嘛出家？要名有名，要钱有钱，到底有嘛想不开？"

一代才子放弃世俗生活，突然遁入空门，在当时甚至现在，都让许多人深感惋惜和不解，因为这和世俗的观念相悖。人们纷纷揣测他出家的原因，目前可推测的原因包括：个人对现实的有心无力；对红尘琐事带来无穷的烦扰感到无奈；被病痛折磨，寻求解脱；对佛教清修的心驰神往。

有这样一个小故事：一个小和尚被吩咐去山下买油，火头僧一再嘱咐小和尚要小心，别在半路上洒了油，否则将受到处罚。小和尚一路记着火头僧的嘱咐，下山买了油，用碗盛着，双手托着碗，小心翼翼护在胸前，生怕洒了一丁点。回去的路上，小和尚心事重重，时刻担心油洒出来，回去了会受罚。可就是因为他太"小心"了，以至于眼睛紧盯着碗里的油，忽略了脚下的路。忽然，小和尚一不小心踩到了一个坑里，碗中的油也洒了三分之一。小和尚急哭了，一边担心火头僧的责罚，一边担心油再次洒出来，就这样深一脚，浅一脚的往回走，谁知一个不留神又洒了三分之一。

小和尚带着剩下的油回到寺庙，果然被火头僧狠狠训斥了一顿，还罚他不准吃饭。小和尚哭着跑去找师傅，他不明白为什么自己这么小心，却还是没有把事情做好。

在日本流传这样一个故事：

有个叫柳生又寿郎的年轻人向剑术家宫本武藏学习剑术。柳生问宫本："若根据我的资质，要练多久才能成为一流的剑客？"宫本回答："最少也要10年。"

柳生又问："师父，10年的时间太长了，假如我再加倍苦练，多久可以成为一流的剑客？"宫本回答："那恐怕要 20 年了。"柳生十分疑惑，于是再一次追问："假如我晚上不睡觉，日日夜夜苦练呢？"宫本回答："那你永远也无法成为日本一流的剑客。"

柳生十分惊讶，他向师父请教其中的道理。宫本告诉他，要当一流的剑客，不只是要学习剑术，更要时刻反省自己，让追逐名利、为名利所扰的心安静下来。只有不为名利所惑，才能到达一流剑客的境界，而急功近利，心中充满了欲望，是永远也无法成为一流剑客的。

有些时候，勤奋并不能直通成功的终点。我们在努力的同时，还要学会通过短暂的休息以及调适自己思维的角度，来放空自己，从而令我们能在尘嚣中保持清醒，在纷繁复杂的环境中看清事物的本质。

当我们拥有放空一切的心态的时候，才更有能力来挑战生活的各种困难。关注过攀登珠峰的朋友都会知道，要想到达珠峰这个世界的极顶，就得在极顶下面的征途中逐渐减负——每到一个营地首先卸下的就是最重的东西，而在冲顶的阶段，身上所剩余的几乎只有维持生命、体能和留念的微型摄影器材等最基本的东西了。

▶ 放下的智慧

在很多时候，"舍"比"取"更难，"放空"比"填满"更难。

之所以说它难，就是因为人们不肯放下。当一个人背负了太多的东西，前行的脚步肯定也会艰难很多。所以，学会放空自己的心灵，才是真正的超脱。

第二章

静下心来，拒绝精神内耗

尘世浮沉都是过眼云烟，

经历了红尘磨难，

唯有静心，

才可以化解烦扰。

放下诸多杂念，

不为物所困，不为情所扰，

看淡得失，大彻大悟，明心见性，

看山是山，看水是水，

来则来，去则去。

1.平静才会幸福

应事接物，常觉得心中有从容闲暇时，才见涵养。——弘一法师《格言别录》

平静，是一种气质、一种修养，更是一种境界。恬和、安宁，如一泓清水，映着风景。

平静，并不一定是平淡，也更非平庸，而是一种充满内涵的幽远。

庄子说："正则静，静则明，明则虚，虚则无为而无不为也。"安之若素，沉默从容，笑对人生，洒脱生活，往往要比气怒攻心，心烦意乱更显涵养和理智，更有机会和智慧来处理及面对人生的一切。

1912 年，李叔同撰写了一篇《西湖夜游记》，文中反映了李叔同当时对西湖的观感，并抒写了他对生活的茫然。经历了大红大紫的李叔同，此时似乎正想找到一块人间的净土，在悠闲、宁静之中寄托生命。于是，他来到了西湖！或许西湖山水是李叔同决定来杭州任教的原因之一吧，从他的经历来看，相信他宁愿在杭州过着平静如湖水一般的淡泊生活，也不愿再在喧闹的红尘中"叱咤风云"。

人的一生，是追求幸福的一生，没有人会拒绝幸福，也没有人愿意放弃幸福。每个人都喜欢幸福，追求的幸福也因人而异。不同的人有不同的幸福，有的人喜欢平淡的生活，有的人喜欢轰轰烈烈地活着。

其实幸福一直都跟随在你身边，你不动它就不会动，只要你平静地站在一个地方，幸福自然而然就会降临到你身边。只要把心态放平，安静下来，细心的你就一定会找到幸福的足迹。这就是古人都希望追求平静的心境的原因。

当身处世俗，身处滚滚红尘中，平静和祥和就是许多人梦寐以求的境界。

因为静能排除杂念，宁静以致远，专心能致志。静能将智能、灵感全部集中调动起来，从而有所创造、有所成就。正所谓：圣人之静，善于固守养静，万物不足于挠其心志，以能静。所以，就算只有平静，也可以造就非凡。

一个人的精神境界，往往反映在他的言谈举止上。清朝金缨著的《格言联璧》中说："意粗，性躁，一事无成。心平，气和，千祥骈集"。

"心平，气和"是指内心安稳、不慌不忙、处事稳重、言语柔和、品性深厚，这些都是取得成就和成功的先决条件。而"千祥骈集"所要表达的是，只有在心灵深处蕴藏着深邃的意境和内心的平和，才能凝聚起千姿百态的美好，才能以更成熟、更高尚的姿态迎接人生的每一天。

诚然，要在生活中取得成功意味着诸多的艰辛和付出，但如果你的心态是平和的，情绪是稳定的，你所面临的困难也将迎刃而解。

因为，一个人的意念往往是参考自己的经历和生活方式产生的。如果心态不平静，往往也只会带来不好的结果。

那么，怎样保持情绪平稳，如何重构我们的价值观念？

一、要有信念。对于每个人而言，信念都是人生中不可替代的一部分。通过信念的指引，我们可以在人生的道路上不断前进。

二、保持冷静。过度情绪化会对我们的判断产生影响，最终可能会导致我们做出错误的决策。因此，当我们面临困难和挫折时，应该保持冷静，不要过度情绪化。

三、做好规划。良好的规划可以提升我们的信心。如果我们对自己的目标有清晰的认识，并将计划完全执行，那么我们就会更有信心，更容易达成我们的目标。

我们会在生活中面对各种各样的困难和挫折，只有当我们保持一个平静、稳定的心态时，才能立足于这个世界，迎接成功，取得成就。

▶ 放下的智慧

有句俗话：该是你的便是你的，不该是你的，争也争不到。但如果用"争"来得到，恐怕得到后失去的会更多，因为你失去的是一颗空明的心。

平静下来，去感受身边的一切，把一切事物看得美好些，幸福就会悄悄地落到你身边。

2.内心如水般安静

吕新吾云：心平气和四字，非有涵养者不能做。工夫只在个定火。——弘一法师《格言别录》

我们的心灵不宁静，很多时候是源于我们的妄想与贪欲。这导致我们本来完整、清晰的智慧变得灰暗、扭曲，看不清事实的真相。就好比水面的风，弄得本来平静的水面泛起涟漪，水中的倒影也变得支离破碎，甚至看不清楚。而心如止水的去看待事情，有助于我们清晰而明智的思考，这或许能让我们更清楚地看到我们人生的方向。

有位哲学家这样说：如果你永远用平静的心去接受一切，那么你眼里的每件事情都是幸福的。

人生通常有无数烦恼，可是烦恼由何而来？有人说，把心静下来，什么也不去想，就没有烦恼了。只不过这话对于芸芸众生而言，作用实在有限，像扔进水中的石头，在听得"咕咚"一声闷响之后，烦恼便又像涟漪一般荡漾开来，而且层出不穷。

幸福总围绕在别人身边，烦恼总纠缠在自己心里。这是大多数人对幸福和烦恼的理解。

差生以为考了高分就可以没有烦恼，贫穷的人以为有了钱就可以得到幸福。可结果是，有烦恼的依旧难消烦恼，不幸福的仍然难得幸福。

寻找幸福的人有两类。

一类人像在登山。他们以为人生最大的幸福在山顶，于是气喘吁吁、穷尽一生去攀登，最终却发现，他们永远也无法登顶。他们并不知道，幸福这座山，原本就没有尽头。

另一类人也像在登山，但他们并不刻意计划要登到哪里。他们一路上走走停停，看看山峦、赏赏风景、吹吹清风，心灵在放松中得到满足。

几乎所有的人都在追逐着人生的幸福。然而，就像一位作家所写的那样，我们常常看到的风景是：一个人总在仰望和羡慕着别人的幸福，一回头，却发现自己正被别人仰望和羡慕着。

李叔同的朋友夏丏尊是一位多愁善感之人。他也曾想超脱一点，尝刻一印曰"无闷居士"。他此时才二十几岁，本不该有多少愁闷，而欲自勉"无闷"，多少说明他的心中早已是闷闷矣（他还有一个号曰"闷庵"）。李叔同倒是觉得他的这种性格颇为可爱。夏丏尊本不是诗人，而李叔同则把他誉为诗人，这里也多少是出自他娴静优雅的诗人气质吧。

曾经和朋友去过一个偏远的泰国小镇。在那里我们遇见一个帮游客扛行李到景点的少年。别看他瘦瘦小小，却一个人把我们一行 4 个人的行李都顶上了头，在细雨中穿着破旧的拖鞋带领着我们上山。

包很重，少年一声不吭地向前走，而且总是走在前头带路。

望着少年，我在想，他会不会就这样一辈子被困在山中，每天靠着替人扛行李赚那几块钱的生活费。如果把他带到大城市，他会不会有更好的发展？他会不会还想要当苦力？他会不会比较开心？以后的他会不会幸福一点？

后来和友人聊起这件事，朋友觉得：山中少年或许永远都不会有机会离开家乡到大城市看这个世界五彩斑斓的一面，但那未必就代表他不幸福。一个没被花花世界浸染过的现代人，也不会有太多机会有各种烦恼，那未尝不是一种幸福。

或许比起被太多物质欲望所影响的我们，这个扛包的少年的烦心事似乎能少一点。因为他生活在一个平静的大山中，没有感受过这个世界上太多的烦乱以及对于物质的追求。

这样平静而淡泊的生活虽然不够奢华，但是足够幸福。生活很复杂，其实也可以很简单。人生不怕平淡的日子，只怕生活的感觉不真实、不幸福。

安静不是沉默，不是心灰意冷，而是摒弃了愤世嫉俗，守护着心灵的田地，播种、耕耘、收获。像刚出炉的陶瓷和紫砂，经历了高温焙烧之后温婉沉静，内涵丰富。安静是悄悄地过着日子，静静地守着年轮，不追求崇高，凡事讲原则。也许生活的内容很单调，但生活的本身却丰富多彩。

幸福与功名无关，与利益无涉，是慢慢渗透到心里的感觉，只是因为人们的疏忽，才体会不到它无时无刻的存在。

怀着一颗平常心，寻找一份心旷神怡的安静，在纷繁复杂中充满感恩地生活，这就是一种幸福。安静地生活，过着平常的日子，享受淡泊的岁月。

▶ 放下的智慧

安静就是一种幸福，是对待生活的从容姿态，是对待未来的默默期待……

③ 3.用爱去感化他人

以情恕人，以理律己。——弘一法师《格言别录》

凡事往好的方向想，自然会心胸宽大，也能容纳别人的意见。宽大的心胸，不但可以使人从不同的角度去看事情，更能使自己过着无忧而自得的日子。

人生要豁达一些，也要大度一些。就拿鞋子来说吧，我们买鞋子都知道要多预留一点空间，否则穿久了，会因脚和鞋子摩擦得太厉害而起水泡，甚至磨破皮，以致痛苦难忍。又如赴约，提早 5 分钟或 10 分钟到场，一定比剩 1 分钟赶到的心情轻松得多。李叔同在浙江省立第一师范学校任教时，总有不听话的学生。有人在音乐课上不唱歌却看别的书，有人在音乐课上随地吐痰，有人在下课时莽撞而用力地摔门……然而李叔同总是谦恭有礼地告诉学生，这些做法是不对的。他语气温和，说完后还向眼前的学生深鞠一躬。虽是一顿说教，但也给予了学生足够的尊重，学生们大多明事理，免不了脸红羞愧，对其中的道理自然欣然接受，不再触犯。

有些时候，遇到学生言行无状或犯了过错，李叔同并不会当面指责，而是过后特地叫学生到他房间里去，和颜悦色、极其委婉，甚至是低声下气地谆谆教导。

他的教育艺术，主要表现在对人对事的诚敬态度上。李叔同无论在生活中，还是在课堂上，始终保持温和、认真的教师形象，成为浙江省立第一师范学校的学生们眼中最受人尊敬的老师。

后来成为著名记者的曹聚仁曾这样说："在我们的教师中，李叔同先生最不会使我们忘记。他从来没有怒容，总是轻轻地像母亲一般吩咐我们。他给每一个人以深刻的影响。侍候他的茶房，先意承志，如奉慈亲。"

我们应该效法弥勒佛笑口常开的态度，并用积极开朗的心态去解决一切问题。在这充满争斗的繁华世界之中，唯有以最自然无争的姿态，并处处流露服务他人的意念，才能散发人性至真、至善、至美的光辉。

有位同学曾经问李开复博士："为什么我不受欢迎，同学看到我都不打招呼，不对我笑呢？"李博士反问他："你跟他们打招呼吗？对他们笑吗？"对人冷淡，别人也会回以冷漠；想要得到他人的友善，不妨先对他们表达自己的友善。

又有同学问李博士："为什么我总是认为同学对我不怀好意，想和我竞争？"李博士同样反问他："你对他们的态度又如何呢？你想和他们竞争吗？"想消除他人对自己的敌意，不妨先消除自己对他们的敌意。所以有人说："给别人的，其实就是给自己的。"让别人经历什么，有一天也将自己经历，就像你怎么对待父母，将来你的孩子也会怎么对待你。因此，若想被人爱，就要先去爱人；希望被人关心，就要先去关心别人；想要别人善待你，就要先善待别人——这是一个可以适用于任何时间、任何地域的定律。

孟子告诉齐宣王说："君主把臣子看作自己的手脚，臣子就会把君主看作自己的腹心；君主把臣子看作犬马，臣子就会把君主看作普通人；君主把臣子看作草芥，臣子就会把君主看作仇敌。"所以要想人们为我付出，我必须先付出；我不想人们施加给我的，我也就不要施加给别人。

▶ 放下的智慧

孔子极力强调"先施"，他说到君子之道时说："君子之道有四个方面，我一个方面都没有达到：要求做儿子服侍父母，我不能做到；要求大臣服侍君主，我不能做到；要求弟弟善待兄长，我不能做到；交朋友时，先好好对待朋友，我也不能做到。"这个"先施"实在是为人之宝典。所以老子说："要想夺取他，必须先给予它、培养它。"

4.懂得珍惜

作福莫如惜福，悔过莫如寡过，应念身世苦空，切莫随流逐队。——弘一法师《寒笳集》

人都会有珍惜的情感。父母珍惜儿女，热恋中的男女珍惜爱情，创作者珍惜自己的作品，临终病人珍惜剩余的时光。珍惜是种绝妙的情感，若能以这样的情感对待生活中的每一天、每件事，那么，人生中摆脱不掉的悲苦，也都会变得有其存在的意义与价值了。

一件事情，随便地完成它和慎重地完成它其结果或许一样，但感受绝对不同。前者可能是无奈与厌烦，后者必然是欣喜与快乐。

不懂得珍惜时，生活看似很平淡；懂得珍惜后，生活便变得有光彩了。

珍惜，对任何人来说，都是应该具有的情感。你珍惜了生命，生命方能长久。你珍惜了家人、朋友的情感，尊重他们，关心他们，你便会在与他们的相处之中，获得快乐和幸福。

有一次，一位妈妈跟心理医生说起自己的不幸遭遇："我的婚姻生活很糟糕，先生和我的想法、做法总是不一致，我活得很痛苦。"她说着就哭起来了，不停诉说心中的怨恨。

心理医生默默地倾听完这位妈妈的诉说，温柔地告诉她："你的婚姻生活已经够惨了，为什么还要这样折磨践踏自己呢？不妨想想，除了和先生有分歧外，你各方面都还好，有子女、有工作、有住处、有体力、有理想。为什么不把眼光投在已拥有的事物上，去珍惜它、赞美它、拓展它，而要一头栽进那点烦恼中，做烦恼世界的囚犯呢？"

后来，这位妈妈与心理医生谈了半个小时，最后她擦干自己的眼泪，平静地告诉心理医生："我愿意珍惜自己现有的一切。"

人要懂得珍惜，你自己有许多福气却不自知。能说话、能看报、能工作、能思考、能爱护他人，这都是你的财富。你有你的生活和工作，可以把它安排得充实，好好把握它、运用它。小小的一棵树苗，都可以长成参天大树；一些挫折会成为你心智成长的沃土，要懂得珍惜自己的一切。

一个樵夫在砍柴的路上捡到一只受伤的银鸟。银鸟全身包裹着闪闪发光的银色羽毛，樵夫欣喜地说："啊！我一辈子从来没有看到过这么漂亮的鸟！"于是他把银鸟带回家，专心替银鸟疗伤。在疗伤的日子里，银鸟每天唱歌给樵夫听，樵夫过着快乐的日子。

有一天，邻居看到樵夫的银鸟，告诉樵夫自己曾看到过金鸟，"金鸟比银鸟漂亮上千倍，而且，歌也唱得比银鸟更好听"。从此樵夫每天只想着金鸟，也不再仔细聆听银鸟清脆的歌声了，日子越来越不快乐。此时，银鸟的伤已经好了，打算离去。银鸟飞到樵夫的身旁，最后一次唱歌给樵夫听，樵夫听完后，感慨地说："你的歌声虽然好听，但是比不上金鸟；你的羽毛虽然很漂亮，但是比不上金鸟的美丽。"银鸟唱完歌，在樵夫身旁绕了三圈，然后向着夕阳飞去。

樵夫望着银鸟，突然发现银鸟在夕阳的照射下，变成了美丽的金鸟。他梦寐以求的金鸟就在那里，只是金鸟已经飞走了，飞得远远的，再也不会回来。

你是否犯过和樵夫同样的错误呢？请用心珍惜已经拥有的一切吧，不要等身边的金鸟飞走才追悔莫及。

▶ 放下的智慧

每个人都有一本难念的经，甚至苦不堪言。所以，不要再去羡慕别人的好，你会发现你所拥有的绝对不比别人少，而缺失的那一部分，虽不可爱，却也是你生命的一部分，接受它且善待它、珍惜它，你的人生会快乐许多。

5.告别狭隘之心

学一分退让，讨一分便宜。增一分享用，减一分福泽。——弘一法师《格言别录》

国马是指平时养于民间，战时则由国家征用的马匹。有这样一则关于国马与骏马的故事：

有两个人骑马并辔而行，其中一人所骑的是一匹国马，另外一人所骑的则是一匹骏马。就在两人一路同行的过程中，骏马咬伤了国马的脖颈，国马虽然血流不止，但它并没有怪罪骏马，仍然行走自如，一副若无其事的样子。后来当骏马跟随主人回到家中之后，却既不肯吃草，也不肯饮水，而且还浑身颤抖。正当骏马的主人不知所措的时候，国马的主人突然想到了其中的缘由，就说："它肯定是因为把国马咬伤了，心中感到羞愧，才会这样的。等我把国马牵来，让国马劝劝它就好了。"等到国马奔来后，它用鼻子亲近骏马，和骏马一起同槽共食，果然，还不到一个时辰，骏马的状态就恢复如初了。

这则故事中虽然没有什么感天动地的精彩情节，但它却揭示

47

了天地间万物不可缺少的品德，那就是宽容。宽容，也就是要原谅他人一时的过错，不斤斤计较，不耿耿于怀，不锱铢必较，心平气和地做个心胸宽阔的人。寓言中那匹被咬伤的国马是理智的，因为它选择了大度与宽容，两匹马才会和好如初。然而试想一下，倘若当时两匹马互相攻击针锋相对，国马也以同样的方法还击骏马的话，那么最终两匹马除了头破血流、两败俱伤之外，还能得到什么结果呢？因此可以说，这则寓言中"懂得宽容"是国马的智慧。

在日常生活中，同事朋友间难免有矛盾，有争执，家庭中夫妻争吵、兄弟反目、婆媳失和等也屡见不鲜。如果事后大家平心对待和互相理解，或者事前能多一分宽容、多一分忍让，这类不愉快的事情是不会经常发生或者本身就可以避免的。反之，非但抚平不了心中的伤痕，而且只能将伤害无休止地进行下去。

生活中学会宽容，你就能明白这样的道理：

智者能容。越是睿智的人，越是胸怀宽广，大度能容。因为他洞明世事、练达人情，看得深、想得开、放得下；也因为他非常狡黠地发现：处世让一步为高，退步即进步的根本；待人宽一分是福，利人是利己的根基。

仁者能容。富有仁爱精神的人，也必是宽容的人。他心存善念，"老吾老，以及人之老；幼吾幼，以及人之幼"，不苛求于人。所以，与刻薄多忌的人相比，宽容的人少烦恼、多快乐，自然也就多长寿了。

宽容就是忘却。人人都有痛苦、都有伤疤，常常去揭，便添新创，旧痕新伤更难以愈合。忘记昨日的是非，忘记爱人曾经有过的一段浪漫，忘记别人先前对自己的指责和谩骂，时间是最好的止痛剂。放眼未来，来日方长，学会忘却，生活才有阳光。

宽容就是谅解。可能有人曾伤害过你，但切记仇恨是心灵的肿瘤，多一分宽恕，多一分理解，隔阂可能由此化解。家庭更需要谅解，丈夫为啥移情别恋，妻子缘何性情骤变，设身处地寻思一番，假如我是对方又会怎么样？只要感情纽带尚存，诚心宽看，才是大家风范。儿子成绩近期不如人意，女儿考重点名落孙山，不要急着恨铁不成钢，无数事实证明，此刻的谅解比责骂更具有催人向上的鞭策力。

宽容，更得人心。夫妻间除了要有爱情有信任，还要有宽容，总是为小事斤斤计较，就不可能白头偕老；朋友间没有了宽容就没有了友谊，因为宽容是友谊的真意。而领导宽容，就可以使近者悦远者来，天下归心。

能宽容，就能发展壮大。曹操之所以能从仅有的几个子弟兵，到剿灭北方群雄，占据中原，拥有百万大军，与他"山不厌高，水不厌深"的胸怀是分不开的——连仇人都能容而后用，还有什么不能用的呢？所以说，宽容是力量和自信的标志。

宽容对于个人来说，是一种修养，没有宽容就难以造就伟大的人格；对于社会来说，是一种文明和进步。

在现实生活中，宽容的力量就好比水的温柔，在遇到矛盾时，它往往比满腔愤怒的报复更有效。宽容又好像汩汩的清泉，款款地稀释并冲刷掉彼此之间的仇视，使对峙的双方都能够冷静下来，平静地看待和处理原以为不可化解的矛盾。待人以宽容的人，提升了自己的品德心性；而得到别人宽容的人，也更加认清了自己。

宋朝范纯仁曾经说："我一生所学习的，只得到忠、恕两个字，一辈子也用不完。在朝廷上侍奉君主，接待同事和朋友，与同族的人和睦相处，一刻也没有离开这两个字。"他又告诫儿子和学生说："即使是最愚蠢的人，在指责别人时也总是清醒的；即使非常聪明的人，在宽恕自己的过错时也是糊涂的。你们应该经常用指责别人的心态来指责自己，用宽恕自己的心态来宽恕别人，就不用担心达不到圣贤的境地了。"

一次，他的亲族中有一位子弟向他请教，范纯仁就对他说："惟俭可以助廉，惟恕可以养德。"

从那以后，这位子弟就把这句话书写在书桌的一角，并将其作为终身奉守的箴言。

俗话说"伴君如伴虎"，范纯仁由于向皇上上书请求赦免吕大防等人而冒犯了大臣章敦，随即被朝廷贬到随州任太守。在范纯仁来到随州将近一年的时候，他的双眼已经完全失明。于是，范纯仁又向皇上上表请求退休回老家安度晚年，没想到反而又遭到章敦的陷害，被贬到永州安家。在接到朝廷的指令后，范纯仁不恼不怒，而是心平气和地上路了。

人们对此议论纷纷，有人说他这样做是为了让自己能够博得一个好名声，然而范纯仁听到这些话后，却感慨地说："我现在都已经 70 岁了，眼睛也已经失明了，难道你们认为被贬万里的苦楚，是我所希望的吗？只是我这点爱护君主的心情实在是无法克制啊！"

宽容是一种风度，更是一种大智慧，因为它不仅避免了与他人之间的直接冲突，而且也为自己换来了淡然与安宁，让自己有一个好的心态去面对生活，面对人生。宽容同时也是一种美德，它既是对别人的大度，也是对自己的恩赐！

▶ 放下的智慧

面对成功者和胜利者，我们要以一颗宽容之心看待对方而不嫉妒；面对飞黄腾达的幸运儿，我们要以一颗宽容之心看待对方所遇到的机遇而不眼红；面对狂妄者和偏激者，我们要以一颗宽容之心看待对方的自满而不争论……

告别狭隘之心，学会容忍，懂得宽容，如此，我们才会使自己拥有一种平静从容的生活，才能使自己活得更轻松、更洒脱。

第三章

知足常乐，享受平凡生活

唯有知足，

人生才会快乐！

凡事不求十全十美，

拥有就是福气。

半俗半雅半红尘，

半醉半醒半求真……

当一切都成过往，

就不必再去回味，

人生难得圆满，知足就是幸福。

1.知足常乐

知足常足，终身不辱。知止常止，终身不耻。——弘一法师《格言别录》

老祖宗早就说过，知足者常乐。懂得知足的人，他的人生必定是快乐的。而那些想要得到更多，不懂得知足的人，却往往很容易陷入悲观的情绪中无法自拔。可以这么说，知足是一种生活的智慧，常乐是一种生活的境界。

相声大师张寿臣先生曾有一篇传统相声作品叫作《窝头论》，作品大概成型于20世纪三四十年代，展现了那个年代人们的生活状况。那时候人们的生活过得十分清贫，大家住的是小胡同、大杂院，吃的是窝窝头、大白菜。在这种情况下，他们对生活的要求并不高，只要有窝头吃，就感觉很幸福了。在等级森严的社会中，许多人奔波忙碌一生，只为能有一个安身之地。在吃不饱、穿不暖的情况下，因为懂得知足，所以一个窝窝头也能让他们感觉很幸福。

在一些特殊的环境中，很多事情并不能如我们所愿，所以聪明的人这个时候都会懂得要知足，他们知道只有知足才能够让自己拥有一个良好的心境，帮自己渡过难关。

弘一法师曾说过："知足常足，终身不辱。知止常止，终身不耻。"有个关于心境的对比鲜明的例子，说有这样两个人同时被关在监狱里，一个人整天想着逃出去，而另一个人则整天悠闲地在牢房里走来走去：一会儿观看墙上的斑点，一会儿将被风吹来的树叶放在嘴唇上轻吹。结果那位一心想着越狱的人最终因为屡次失败撞墙自杀，而那位悠闲的人则因为表现良好被提前释放。

为什么知足能够让一个人变得快乐呢？答案很简单，就因为知足的人没有牵绊。不妨想象一下出门旅行的情形，在长途旅行中，你会发现，在火车上很悠闲的人往往都是那些"轻装上阵"的人，而那些左边提一个包，右边挎一个包的人，非但难得悠闲，反而一副痛苦的表情。从某些方面说，就相当于下面这个小故事中的蜈蚣一样，自己把自己给绊住了。不懂取舍，不懂知足，又怎么会过得好呢？

相传神在创造蜈蚣时，并没有为它造脚，但是它爬行的速度可以和蛇相媲美。后来它看到羚羊、梅花鹿和其他有脚的动物都跑得比它还快，心里就很不高兴，觉得神不公平，为什么不给自己多造几只脚呢？于是，它向神祷告说："神啊！我希望拥有比其他动物更多的脚。"

神二话没说就答应了它的请求，把数不清的脚放在蜈蚣面前，任凭它自由取用。蜈蚣迫不及待地拿起这些脚，一只一只地贴在身上，从头一直贴到尾，直到再也没有地方可贴了，它才依依不舍地停下来。它看了看自己，心想这下可以健步如飞了。但是，它才往前跑了几步，就一连跌了好几跤。这时，它才发觉这些脚根本就不好控制，除非全神贯注，不然一大堆脚就会绊在一起。这样一来，它非但不能如想象的那样健步如飞，反而走得比以前更慢了，心情也越来越不好。所以，民间才会有蜈蚣撒尿咒天，以至于上天用雷公来惩罚蜈蚣的传说。

"知足常乐"看似简单的道理，却让我们懂得珍惜眼前，立足当下。我们可以多看看四周，常仰望一下高远的天空，一定能看到太阳每天依然升起，地球每时每刻都在转动。世界并没有你想象中的繁杂与烦闷，让我们做个拥有生活智慧的人，知足并且常乐。

有些人并不认同将知足与智慧等同起来。在他们看来，知足就是对生活无所要求，毫无欲望，是一种消极的生活态度，会使人安于现状，不思进取。这样的人，怎么能算得上是一个拥有智慧头脑的人呢？

其实并不是这样，我们不能将知足常乐和不思进取画上等号。知足常乐是说要以正确平和的心态对待荣辱得失，它强调的是一种心态。庄子在濮水边钓鱼，楚王派两位大夫去邀请他，说："楚王想有劳先生掌管国家大事。"

庄子手握钓竿，头也不回地说："我听说楚国有一神龟，死了已经有三千年了，楚王将它放在竹器里面，用毛巾包裹好，珍藏在宗庙里。这只神龟，是情愿死后保留着骨头被人尊重呢，还是情愿活着在泥水里拖着尾巴爬呢？"

两位大臣说："宁愿拖着尾巴在泥水里面爬。"

庄子说："那你们走吧！我是情愿拖着尾巴生活在泥水里的那种人啊。"庄子这是知道安贫乐道，而后能免于灾祸的道理。

黄石公说："没有什么比真诚更能达到神通的境界了，没有谁比能体察万物更明达的。人生没有比知足更幸福的事了，人生没有比多欲更痛苦的了。"

《日知录》中说，一个知足的人，上天不能让他贫穷；一个无求的人，上天不能让他卑贱；一个会保养的人，上天不能让他生病；一个不贪生的人，上天不能让他死亡；一个随遇而安的人，上天不能围困他；一个爱惜人才的人，上天不能孤立他。古人说的这些话，是多么的睿智啊。

▶ 放下的智慧

人与人之间最大的区别，就是看问题角度不同，所看到的事物各不相同。世间来去一场空，何必执念太多。

2.坦然面对困境

刘直斋云：存心养性，须要耐烦耐苦耐惊耐怕，方得纯熟。——弘一法师《格言别录》

挫折和困境像两位不请自到的客人，不知道什么时候就会来到你的身边。有时候，挫折会让我们痛不欲生；有时候，困境会让我们山穷水尽。但是，困难把我们逼上绝路的时候，也是我们得以涅槃重生的时候，是我们迈向希望的起点。

一头驴子不小心掉进一口枯井里，农夫费尽心思也没有把驴子救出来。几个小时过去了，驴子一直在井里痛苦地哀号着。

最后，这位农夫决定放弃救驴。但是，不管怎么样，这口井还是得填起来，以免有其他的动物掉下去。于是，农夫便请邻居们帮忙，一起把井填起来，也顺势把井中的驴子埋了，以解除它的痛苦。

于是人们开始将泥土铲进枯井中。这时候，井里的驴子意识到自己的处境，更凄厉地叫起来，可慢慢地，它安静了下来，因为它发现了一个自救的好办法。

每一次，当人们铲进井里的泥土落在驴子背上时，驴子便将泥土抖落在一旁，然后站到落下的泥土堆上面。就这样，驴子一次次将落在它身上的泥土全数抖落在井底，然后再站上去，很快就攀到了井口，在众人惊讶的表情中跑开了。

在我们每个人的生命旅程中，难免会陷入各种形式的"枯井"里，也会有各种形式的"泥沙"倾倒在身上。在这种情况下，我们何不学一学枯井中的驴子，将身上的"泥沙"抖落掉，然后站到上面去，让泥沙变为我们脚下的基石，拉近我们与成功的距离呢？

绝境对于我们来说，并不是只有消极的那一面，一次灾难也可以转化为一次契机。在极度艰难的环境中，四面楚歌也可能会让你找到生存的另外一个突破口。

我们在生活中所遭遇的种种困难、挫折，就好像是落在我们身上的泥沙。积极的人会寻找方法把这泥沙变成自己的垫脚石，然后再站上去，即便落入很深的井里，也能安然脱困。如果任凭泥沙落到身上而不去管它，最终，只有被泥沙掩埋。

生活中有很多人之所以没有成功，不是他们实力不足，而是因为他们不从失败中总结教训，只是一味生活在失败的阴影中。其实失败有什么大不了的？只要找到原因，吸取教训，从头再来，就总会有成功的一天。所以我们说，人生最糟糕的事不是损失了金钱、失去了爱情、送别了亲人、身患了恶疾、遇到了坏人，而是丧失了斗志，失去了面对困难的勇气，失去了那颗从头再来的心。

人生如海，既有高潮又有低谷，既有春风得意、马蹄萧萧的快乐，又有万念俱灰、惆怅迷惘的凄苦。

如果把人生的旅途描绘成图，那一定是高低起伏的曲线。不能否认的是，它可比呆板的直线精彩多了。

"人生得意须尽欢，莫使金樽空对月。"当你快乐时，不妨尽情地享受快乐，珍惜所拥有的一切。而当生活的痛苦和不幸降临到你身上时，也不必一味怨天尤人。

常见许多人处于生命低谷时一味地抱怨、苦恼，长期沉溺其中不能自拔，终日以泪洗面。其实仔细想来，抱怨、折磨自己又有何用？只能徒增自己的痛苦，让自己坠落得更深、更惨罢了！

对于如何突破困境，弘一法师的教化发人深省。他借用某位大师的话来开示众人："深潜不露，是名持戒，若浮于外，未久必败。有口若哑，有耳若聋，绝群离俗，其道乃崇。"这一番话何其智慧。

大师教化世人如何避免陷入困境，然而一旦真的陷入困境，也可以超脱一些。另外，为什么不换个角度想想问题，为何不勇敢站起来和命运争一争呢？

人类历史上的许多伟人都是在生命低谷中成就惊天动地的事业的。司马迁将苦难的心锁进历史，写就了《史记》这样流传千古的伟大篇章；曹雪芹将苦难的人生倾注在笔端的大观园，为后人留下《红楼梦》这道不朽的文化盛宴。

为什么伟人能在生命低谷中铸就生命的辉煌，而我辈不能在挫折当中奋起勃发呢？

当生活中的低潮涌向我们的时候，让我们庆幸吧，庆幸自己终于有时间思考了，终于有时间好好审视自己走过的路了。刚好趁这个机会反思一下，自己的生命之路哪一步走错了？哪一步走慢了？哪一步走得不稳了？然后，积蓄你的力量，伺机而动，生命的下一个辉煌定会眷顾你！

人生之路充满选择和转折，当你处在人生的低谷时，可能就预示着转折的来临。人生的不幸向人们昭示的不仅仅是灾难，它或许还在提醒你原来的那种活法不适合你，或许又在告诉你原来的要求、目的和现实有偏差。它是用不幸来提示你，让你暂时地遭遇挫折，给你静心思考的机会。这个时候，你如果能抓住冥冥之中命运之神给你的这个暗示，就一定会收获柳暗花明又一村的喜悦。

每个人最初来到这个世界，都是一无所有的，一切都是我们后天创造的。所以，如果你丢失了什么东西，让你觉得痛苦，没有关系，我们本来就是一无所有，大不了从头再来。也许，你会说，我没有了重来的资本，因为我已经不再年轻，我没有时间了。

但是，不要忘记，你拥有了经验，拥有了阅历，这是你的资本，是可以让你做得更好的资本。

▶ 放下的智慧

　　人生的路上不可能永远一帆风顺，总有潮起潮落之时，不要因为一时的失败就否定自己。失败有好有坏，如果是好的，我们自该庆幸，如果是坏的，我们也一定要有从头再来的勇气。用平常心去看待人生中的起落，不能因为一次的失败就为自己的一生贴上失败的标签。在强者面前，失败并不是一种摧残，也并不意味着你浪费了时间和生命，而恰恰是给你一个重新开始的理由和机会。

◐ 3.享受平凡的生活

> 少陵诗曰：水流心不竞，云在意俱迟。从容自在，可以形容有道者之气象。——弘一法师《佩玉编》

有这样一个故事，主人用金杯子、水晶杯子、木杯子装了水给三个人喝。用金杯子喝水的人放下杯子后得意地说："感觉很高贵！"用水晶杯子喝水的人惊喜地表示："水的颜色太美了！"用木杯子喝水的人喝干了最后一滴水，然后微笑着说："水很甜！"主人不由感慨道："原来平凡的人们才能体味到生活的真正滋味！"

汪国真在《平凡的魅力》一文中写道："我不会蔑视平凡，因为我是平凡中的一员。我的心上印着普通人的愿望，眼睛里印着普通人的悲欢，我所探求的也是人们都在探求着的答案。

"是的，我平凡，但却无须以你的深沉俯视我，即便我仰视什么，要看的也不是你尊贵的容颜，而是山的雄奇天的高远；是的，我平凡，但却不需以你的深刻轻视我，即使我聆听什么，要听的也不是你空洞的大话，而是林涛的喧响，海洋的呼喊；是的，我平凡，但却无须以你的崇高揶揄我，即使我向往什么，也永不会是你的空中楼阁，而是泥土的芬芳晨曦的灿烂。当然，当那些真挚的熟悉的或陌生的朋友提醒或勉励我，不论说对了说错了我都会感到温暖。"

孤芳自赏并不能代表美丽也不能说明绚烂，自以为不凡更不能象征英雄气概顶天立地。我们每个人都很平凡，然而，平凡并非没有自豪的理由，并非没有魅力可言。

有一个叫云的朴素女孩，她是一个家境贫寒的大二学生。一个男孩喜欢她，但同时因为她贫穷的家境心生犹豫。在男孩眼里，云很优秀，但生活中的柴米油盐却是不得不面对的现实。有一次，他到云的家里去玩，当走到她简陋但干净的房间时，被窗台上的那瓶花吸引住了——一个用矿泉水瓶剪成的花瓶里插满了田间野花。

男生被眼前的情景感动了，就在那一刻，他终于下定决心，让摆矿泉水花瓶的那个女孩成为自己的新娘。促使他下这个决心的理由很简单：这个女孩子虽然穷，却是个懂得如何生活的人，将来无论他们遇到什么困难，他相信她都不会失去对生活的信心。

静是个普通的职员，生活简单而平淡，她最常说的一句话就是："如果我将来有了钱啊……"同事们以为她一定会说买房子买车，她接下来的话却是这样："我就每天买一束鲜花送给自己。""你现在买不起吗？"同事们有些疑惑。"当然不是，只不

65

过对于我目前的收入来说有些奢侈。"她微笑着回答。一日，静在天桥上看见一个卖鲜花的乡下人，他身边的塑料桶里放着好几束雏菊，她不由得停下了脚步。这些花估计是乡下人采来的，又没有门面，所以花很便宜，一把才5元钱。如果是在花店，起码要15元，于是她毫不犹豫地掏钱买了一把。

她兴奋地把雏菊捧回了家。每隔两三天，她就为花换一次水，再放一粒维生素C，据说这样可以让鲜花开放的时间更长一些。每当她和孩子一起做这一切的时候，都觉得特别开心。一束雏菊只要5元钱，但却给静和家人带来了无穷的快乐。在她的精心呵护下，这束花足足开放了一个月。

上述两个身处不同环境的平凡女人有一个共同点：她们都善于发现，都能从平凡的生活中找到属于自己的幸福。云很穷，但她懂得尽力使自己的生活精致起来；静生活平淡，她却愿意享受平淡的生活，并懂得为生活增添色彩。她们之所以快乐，并不是因为她们拥有一切最美好的东西，而是因为她们懂得从平淡的生活中获取乐趣。

世界上真正出类拔萃的人并不多，我们大多数人都是平凡的，但平凡的人生同样可以光彩夺目。因为任何生命——平凡也好，伟大也罢——都是从零开始的。

追求平凡，并不是要你不思进取、无所作为，而是要你于平淡、自然之中，收获一个实实在在的人生。平凡也是一种境界，平凡的人生，往往于平淡当中显本色，于无声处显精神。平凡在某种程度上来说，表现为心态上的平静和生活中的平淡。平凡的人生犹如山中的小溪，自然、安逸、恬静、令人心动。平凡的人生也无须雕琢，刻意雕琢就会失去自然，失去本性。

做平凡人是一种享受。享受平凡，是在勤耕苦作后享受收获的喜悦，在不求名利的同时减少许多不必要的烦恼；享受平凡，是看海阔天空飞鸟自在飞翔，是看深邃海洋鱼儿自在遨游，是看山清水秀，无限风光在眼前的悠然心态。

▶ 放下的智慧

享受平凡，不是消极，不是沉沦，不是无可奈何，不是自欺欺人。享受平凡是因为在平凡中才能体会到生活的幸福和可贵。幸福无须腰缠万贯、豪华奢侈，幸福也不必位高权重、呼风唤雨，幸福是对平凡生活的一种感悟，如果你经历了平凡，享受了平凡，就会发现：平凡才是人生的真境界。

⑩ 4.富有源于内心

> 严着此心以拒外诱，须如一团烈火，遇物即烧。宽着此心以待同群，须如一片春阳，无人不暖。——弘一法师《格言别录》

对于我们来说，怎样的生活才算富有？月薪 10000 元的工作能让你满足吗？100 多平方米的房子让你有安全感吗？越来越多的人追求的是没有尽头的所谓"高品质"生活。平房换成楼房不够，还想拥有自己的别墅；去娱乐城唱歌不够，还想去打高尔夫；有了液晶电视、笔记本不够，还想换最新款的手机、最时尚的数码相机；开小汽车不够，还想换豪车；国内旅游不够，还想去国外狂购奢侈品……即便自己已经衣食无忧，即便自己已经生活富足，也总是觉得不满足，所以这样的人没有一刻觉得自己富有。

当你问不同的人，什么才叫作富有时，不同的人会给你不同的答案。有的人会说有花不完的钱就叫富有，有的人会说有健康的身体就是富有，有的人会说有家人陪伴在身边就叫富有，有的人会说拥有自由就是富有……所以富有并不是以金钱作为唯一衡量标准的，它在每个人心中有着不同的定位。其实，富有就是一种心灵上的满足。

现在很多人都成了"穷忙族"。无论是职场精英，还是普通打工人，都表示生活令自己很疲惫。事实上，有些人的收入并不低，但就是觉得自己很穷，觉得必须要这么忙下去。

弘一法师青年时期就有着忧国忧民的情感，在南洋公学读书时接受了现代教育，是一个有着进步思想和热切家国情怀的青年。出家后，时局风云变幻，他虽然一心修佛，却从未对国家和生活失去热情，永远对身处水深火热的中华大地抱有极大的热忱和希望。

可以说，无论留须在俗，还是削发出家，弘一法师都热爱生活。抗日战争期间，弘一法师写了不少具爱国思想的对偈送人，其中著名的一句是"念佛不忘救国，救国不忘念佛"。即便在战火纷飞的年代，弘一法师也没停止对美好生活的向往。

做人是一种境界，境界是一种心态上的崇高与美丽，它只可能归属于心灵之中，因此境界本身并不显得孤立和高不可攀。清高是一种境界，淡泊也是一种境界；入世是一种境界，脱俗也是一种境界；认真是一种境界，随缘亦是一种境界。甚至，浪漫是一种境界，稚拙还是一种境界。当你的心灵容纳下坦诚和博大的时候，你做人便达到了某种境界。做人，应当追求一种境界。摆脱庸俗，进入高雅境界，领略高山流水的美妙；摆脱贪婪，进入廉洁境界，品味人生奥妙；摆脱享乐，进入双手创造财富的境界，欣赏劳动成果的美妙。

有一位青年，老是埋怨自己穷，哀叹为什么自己不能成为成功者，终日愁眉不展。为了解除痛苦，他去请教一位智者。

青年向智者诉苦道："为什么我的朋友个个家财万贯，而偏偏我却总是这么穷呢？"

"穷？你一点也不穷！"智者回答他。

"我的朋友们能买昂贵的衣服，能买豪华的跑车，能去各地旅游，我却什么都没有，难道我还不穷吗？"青年一脸愁容地说道。

智者反问道："假如让你入狱一年，给你 10 万元，你愿不愿意？""不愿意。"年轻人坚定地拒绝说。

"假如让你失去双腿，给你 50 万元，你愿不愿意？""不愿意。"

"假如让你失去你最爱的人，给你 100 万元，你愿不愿意？""不愿意。"

"假如让你失去生命，给你 1000 万元，你愿不愿意？""不愿意。"青年斩钉截铁地回绝道。

智者笑笑说："这就对了，你拥有自由、拥有健康、拥有爱情、拥有生命，你已经拥有超过 1000 万元的财富，为什么还觉得自己不够富有呢？"

青年听了这番话后，终于恍然大悟，于是他不再整天愁容满面，不再发牢骚认为自己一无所有，而是认真开心地过好每一天。

很多人盲目地把金钱的多少作为衡量是否富有的标准。的确，钱是可以让人获得物质上的富足，但它却永远也买不来精神上的自由、快乐和幸福。

▶ 放下的智慧

富有来源于内心的满足，贪欲无穷的人，即使腰缠万贯，也并不能算富有。平安是富，无病无灾是富，和睦温馨是富，顺利快乐是富，这些都是金钱买不到的。记住，你已经很富有。

⑤5.保持一颗平常心

逆境顺境看襟度，临喜临怒看涵养。——弘一法师《格言别录》

平常心是一种大智慧，它是一种优秀的品质，一份博雅的情怀，一段明慧的人生。自觉平常的人有很多优点，他们谦虚、好学、勤劳、朴素。而如此美丽的心灵，许多人都要在遭遇过挫折之后才能拥有。有平常心，对事物的发展变化，乃至人生际遇中的荣辱贫贱，便持有一份从容与坦然。我国宋代文学家苏东坡就有一颗平常心，他的名句"回首向来萧瑟处，归去，也无风雨也无晴。"即是这种人生态度的真实写照。

在佛家的眼里，有平常心才可以修行。修行尤其戒浮躁，所以寺院尼庵有许多清规都要"修"，这些出家人要"修"的就是一颗平常心。

平常心不是佛教语，而是"宁静致远，淡泊明志"的一种注解。

有一段著名的问答——

问：和尚修道，还用功否？

师曰：用功。

曰：如何用功？

师曰：饥来吃饭，困来即眠。

曰：一切人总如是，同师用功否？

师曰：不同。

曰：何故不同？

师曰：他吃饭时不肯吃饭，百种需索；睡时不肯睡，千般计较。

修行者和普通人的不同之处在哪里？就在于修行者有一颗平常心，而普通人往往有一颗世俗浮躁之心。

这段对话就是要告诉人们，要拥有一颗平常心，不要对现实生活中那些琐碎、无聊、庸俗的功利得失做百种需索、千般计较。

王维有这样一首诗："木末芙蓉花，山中发红萼。涧户寂无人，纷纷开且落。"

平常心其实就像王维诗中的那朵芙蓉花。平常心应该是顺其自然，是热爱生活，是淡泊名利。

人生伊始，命运就给了李叔同一副绝好的牌。他出身富贵，是津门巨商李世珍的三公子。烟柳繁华地界，他办诗社、演话剧、学油画，广交名士，畅谈时事。温柔富贵乡里，他听曲唱戏，谈情说爱。年轻时的李叔同，曾无数次走到聚光灯下。旅居上海之时，他凭一篇文章，声震城南文社，有了才子的美名；游学东京之际，他男扮女装，以茶花女的扮相，成了话剧界的新星。在万众瞩目中，他尽情感受那种被关爱、被崇拜的快感。然而，命运向来变幻莫测。上一秒为你照耀出的绚烂，下一秒可能就变成如墨的暗影。光绪二十四年（1898年），戊戌变法失败，李叔同目睹时局的动荡，看见太多人过着刀口舐血的日子。七年后，疼爱他的母亲去世，李叔同再次悲痛欲绝，深感生死的无常。这完成了李叔同人生的第一次由繁入简的蜕变。

李叔同的另一次蜕变是民国七年（1918年）发生的一件大事。那天，天津卫的卖报童满大街跑，扯着嗓子喊："李家三公子，当和尚去啦！"《大公报》上赫然写着：李叔同在杭州虎跑寺剃度，法名"弘一"。

一时间，上至社会名流，下至平头百姓，对此事无不震惊。不少亲朋匆忙赶至虎跑寺，劝说李叔同还俗。然而，无论外界如何，李叔同只是闭门修禅。大家本以为李叔同不过是心血来潮，殊不知他早为出家做足的准备。他将珍爱的收藏品分赠友人，将金石古玩封存于西泠印社；他辞去了浙江一师的教学的工作，与高徒丰子恺、刘质平做了告别；他把钱财寄送回家，将衣物捐赠给百姓，把墨宝字画悉数送人。他舍去"无用"的东西，一个人独居在简陋的僧舍。他身披海青，脚穿芒鞋，三餐素食。寒冬腊月，他忍住严寒，打坐诵经；清冷深夜，他静思己过，参禅悟道。没有锦衣玉食，不再四处奔忙，他反而在苦修中，对生活有了更深的体悟。

佛语有言：出之幽谷，迁之乔木，返璞归真，人格圆满。弘一法师说：从简单到复杂是阅历，从复杂到简单是修行。没有物欲的牵绊，挣脱世俗的纷扰，人便能回归平实。由简入繁易，由繁入简难。

有平常心的人不会因为一次失败而一蹶不振，不会因为一次成功而忘乎所以，不会因为金钱而斤斤计较，也不会因为权力而费尽心机。

平常心是一种境界，在达到这种境界之前，必然会经历一段极为坎坷的心路历程。历了险峰，经了幽谷，才发现世事沧桑，如梦、如幻，才能学会一切从生命出发。只有这样，我们才可以做出最合理的选择，一面对生命尽心呵护，一面又悉心体验生活百态，对人宽容平和，随方就圆。因此，平常心不仅使人具有大海一样的气度，也赋予人们临危不乱，稳如泰山的胸怀。狂风暴雨之中，可能掀起惊涛骇浪，可能导致松林翻滚，可大海深处却能平静如昨，岿然不动。以如此胸怀去实践人生，就无所畏惧，面对困难也绝不退避。有言道：淡泊以明志，宁静以致远。淡然面对人间是是非非，保持心灵宁静的同时，不忘对理想的追求，对宝贵生命的敬畏，这便是平常心。

哲人曾经对平常心做过一番总结，在他们看来，平常心是处变不惊的泰然自若之心，是不因荣辱升降而妄生喜忧的恒常之心，是持恒如一日地恪守信念又踏实劳作的平和之心，是能容纳天地的宽厚大度之心，是处世做事不勉强不逾矩的自然而然之心，是消除了畏惧的自信之心，是告别了浮躁紧迫的从容之心，是可以恒久地领受心境安然宁静的返璞归真之心。

拥有平常心的人，即便一生贫困，也能笑傲万物；拥有平常心的人，即便名利唾手可得，也能淡然视之，不喜不忧；拥有平常心的人，才能够拥有"偷得浮生半日闲"的悠然，也能够享受日出而作日落而息的快乐……

▶放下的智慧

人生苦短，名利都是身外之物，生不带来死不带去。东西太多只会增加我们的负担，不如轻装上阵，随遇而安，拥有一颗平常心，甘做一个平常人。

6.认真做人，勤奋做事

大着肚皮容物，立定脚跟做人。——弘一法师《格言别录》

踏实是浮躁的克星，而勤奋则是踏实的一个重要方面。"现在时代已经变了，勤奋已不再是在职场中乃至成功路上的法宝了，快速发展的当下，我们需要享受生活并等待机会。"这是现代人常见的想法。是的，如今这个时代的确与以前不同了，但并不像某些人所想象得那样"勤奋越来越不重要"，而是恰恰相反，要想在事业上获得成功，勤奋是必不可少的一种可贵品质。勤奋多一点，浮躁就会少一点。勤奋的人，因为多了一点踏实，少了一分浮躁，所以更注重切实的目标，而他们的幸福感也会更多。

懒惰的人认为，只有享受生活才是生活的最终目标，勤奋工作带来的是身心疲惫。其实这样的想法是不负责任的，不过是逃避责任的借口。在如今这个充满了机遇和挑战的时代，一位有头脑的、智慧的职业人士，绝不会错过任何一个可以让他们的能力得以提高，让他们的才华得以展现的工作。尽管这些工作可能薪水微薄，可能辛苦而艰巨，但它对我们意志的磨炼，对我们坚韧性格的培养都意义非凡，是使我们一生受益的宝贵财富。所以，正确地认识你的工作，勤勤恳恳地努力去做，才能对得起自己。

没有任何成功来得轻松，它需要你付出努力，所以，在你的生命里，你必须勤奋。世界上没有免费的午餐，如果你渴望获得成功，你就得勤奋，努力做好工作中的每一件事。

李叔同不仅学习西洋油画，还涉猎音乐，十分勤奋。其实，他很早就对西洋音乐感兴趣，1904 年为《李苹香》一书作序时，就已经表达出用音乐救世的愿望。赴日留学前一年，他还为沪学会编写了《国学唱歌集》。留学日本过程中，李叔同做了一个对现代中国音乐巨大贡献：编辑出版了中国近代第一份专门的音乐刊物《音乐小杂志》。并刊出了他早在正月初写的序：

闲庭春浅，疏梅半开。朝曦上衣，软风入媚。流莺三五，隔树乱啼；乳燕一双，依人学语。上下宛转，有若互答，其音清脆，悦魄荡心。若夫萧辰告悴，百草不芳。寒蛩泣霜，杜鹃啼血；疏砧落叶，夜雨鸣鸡。闻者为之不欢，离人于焉陨涕。又若登高山，临钜流，海鸟长啼，天风振袖，奔涛怒吼，更相逐搏，砰磅訇磕，谷震山鸣。懦夫丧魄而不前，壮士奋袂以兴起。呜呼！声音之道，感人深矣。惟彼声音，佥出天然；若夫人为，厥有音乐。天人异趣，效用靡殊。

繁夫音乐，肇自古初，史家所闻，实祖印度，埃及传之，稍事制作；逮及希腊，乃有定名，道以著矣。自是而降，代有作者，流派灼彰，新理泉达，瑰伟卓绝，突轶前贤。迄于今兹，发达益烈。云瀚水涌，一泻千里，欧美风靡，亚东景从。盖琢磨道德，促社会之健全；陶冶性情，感神情之粹美。效用之力，宁有极矣。

乙巳十月，同人议创《美术杂志》，音乐隶焉。乃规模粗具，风潮突起。同人星散，瓦解势成。不佞留滞东京，索居寡侣，重食前说，负疚何如？爰以个人绵力，先刊《音乐小杂志》，饷我学界，期年二册，春秋刊行。蠡测莛撞，矢口惭讷。大雅宏达，不弃窳陋，有以启之，所深幸也。

呜呼！沈沈乐界，眷予情其信芳。寂寂家山，独抑郁而谁语？矧夫湘灵瑟渺，凄凉帝子之魂；故国天寒，呜咽山阳之笛。春灯燕子，可怜几树斜阳；玉树后庭，愁对一钩新月。望凉风于天末，吹参差其谁思！瞑想前尘，辄为惘怅。旅楼一角，长夜如年。援笔未终，灯昏欲泣。时丙午正月三日。

李叔同

从这段序中可以看出，李叔同等人最初打算创办《美术杂志》，其中包括音乐的内容。但因为留日学界的反取缔规则运动（日本政府颁布条令对中国留学生进行限制，留学生们起而抗争），留学生陈天华在激愤之下跳海自尽，大批留学生归国，导致《美术杂志》搁浅，这才有了《音乐小杂志》的诞生。

20世纪初，西方音乐文化输入中国，在其影响下，中国现代音乐开始蹒跚起步。与传统音乐相比，当时的新音乐在理念、技巧、风格、题材上都有了较大革新，紧紧与社会的风云变幻相交融。这是时代的烙印，也深深影响了李叔同的音乐观与艺术观。而李叔同之所以在艺术上有这么高的成就，则源于他无论做任何事情都非常认真且十分勤奋。

有些人拿放松来为懒惰做掩护。虽然偶尔放松一下是人之常情，紧张的工作总需要适度的放松，但是偷懒上了瘾可就不是件好事了。在工作中，通常如果不是很离谱，主管多是睁只眼闭只眼，可如果主管早已对你有了成见，你就很难翻身了，没有处置你已算幸运，升职加薪就更不用提了。对你自己来说，懒惰则会使你离工作越来越远。没有付出，就没有回报。贪图安逸会使人堕落，无所事事会令人退化，只有勤奋工作才是最高尚的，才能给人带来真正的幸福和乐趣。

古语说："勤能补拙是良训，一分辛苦一分才。"人们往往把一个人的成功归结于他的天赋，殊不知，他的天赋也是从勤奋中得来的。

古往今来凡有所成就者，无一不是通过勤奋来实现的。即便才智平平，你也完全可以通过勤奋这个工具，让自己把工作做得更出色。

▶ 放下的智慧

　　勤奋永远不会过时，不管在生活中还是在工作中，要想让自己过得幸福、成功，就一定要比别人更努力，比别人付出更多的汗水，这样才会让自己成为最成功、最幸福的人。世界上没有做不好的事情，只有做得不够好的事情。只要我们勤奋，我们就一定能做好任何事情，而做好我们应该做的事情，是我们获得幸福的重要条件！

7.正确看待名与利

敦诗书，尚气节，慎取与，谨威仪，此惜名也。竞标榜，邀权贵，务矫激，习模棱，此市名也。惜名者静而休；市名者躁而拙。辱身丧名，莫不由此。求名适所以坏名。名岂可市哉。——弘一法师

一个有智慧的人，总能以开阔的胸怀和眼光，站在人世间的一切成败之上，看淡功名利禄，主宰自己的命运，掌控自己的人生。

传说乾隆皇帝游江南时，在金山寺江天阁观赏风景，只见长江中千樯万橹，往来如织，不觉有感而发："世界上不知多少人在那里忙忙碌碌？"旁边随侍的老方丈便说："以老僧看来，只有两个人。"乾隆皇帝疑惑不解，于是问他："怎么只有两个人？"老方丈答："一个是名，一个是利。"

"一个是名，一个是利"，仔细想想确实如此，老方丈真不愧是看破红尘的高人。若把全世界所有人的社会行为做一个总的分析，确实逃不出这两点。"名"是精神领域的代表，"利"是物质

领域的代表，天下哪里还有名利以外的东西？

自古以来，未有不好名者。学问道德，名誉地位，以及随之而来的被人推崇的荣耀，谁不希望拥有呢？此外，自古以来的好利者也比比皆是，因为"利"可换取一切物质。在人类社会里，独善其身实难做到，事事需要分工合作，而物物交换的时代早已成为历史，唯有以货币为基准的贸易才能解决衣食住行等民生大问题。因而人必须去赚钱，也就是所谓的去求利。为了提高每个人的生活水准，建立一个更富强的社会和国家，如何循着正常的途径，谋求更大的利益，正是每个人费尽心思去研究的事。

不过，我们也必须承认，在中国人的道德观念里，尤其在中国知识分子的道德观念里，一直讳言"利"这一个字。

可是我们想想，做一件事，如果不能增加自己、家庭、朋友、合作方的利益，即使话说得再冠冕堂皇，又有什么实际意义？如果事情完成之后没有一点成绩和效果，做了等于白做，那又做它干什么？难怪有心人要把这两句话改成"正其义以谋其利，明其道而计其功"，不单要循规蹈矩去做，而且要做得有利益；不单要按理想去做，而且要做得有成绩。

李叔同于1918年正月十五日这天皈依了佛教，并为正式出家积极做着准备。他的生活，正如他的学生丰子恺在《为青年说弘一法师》中所说"日渐收敛起来"了。他的同事夏丏尊在《弘一法师之出家》一文中痛悔自己当初的作为：

"在这七年中，他想离开杭州一师，有三四次之多。有时是因对于学校当局有不快，有时是因为别处有人来请他。他几次要走，都是经我苦劝而作罢的。甚至于有一个时期，南京高师苦苦求他任课，他已接受聘书了，因我恳留他，他不忍拂我之意，于是杭州南京两处跑，一个月中要坐夜车奔波好几次，他的爱我，可谓已经超出寻常友谊之外，眼看这样的好友，因信仰而变化，要离我而去，而信仰上的事，不比寻常名利关系，可以迁就。料想这次恐已无法留得他住，深悔从前不该留他。他若早离开杭州，也许不会遇到这样复杂的因缘的。"

金钱、名声，这些东西有时候是必须的，有时候又是不请自来的，重点不在于规避它们，而是如何用正确的态度去看待它们。比如说蓄财，我们如果有正当的目标和计划，或者是很好的出发点，那不是贪。如果蓄财的目的只是为了累积财产以满足自己的欲望，这便是贪。

在生活中，有时候名声和金钱会发生冲突。例如，一个有良好名声的商人在面临一个决定时，可能会放弃一笔可观的金钱收入，以避免损害名誉和公司利益。他知道，短期的损失是必要的，但是获得的长期益处是无法估量的。

另一方面，有的人放弃了名声，换取了暂时的金钱和快乐。他们做出的决定可能会导致他们的声誉受损，但是他们往往不以为意，因为他们希望能够快速获取金钱和物质财富。然而，这种决定通常是短视的，并且很容易导致永久性的伤害。这也是金钱与名誉之间的巨大差异：金钱可能让我们暂时感受到快乐和舒

适，但名誉是永久的，它可以传承下去，成为我们留给子孙的
遗产。

▶ 放下的智慧

我们需要认真思考名和利的关系，并且慎重考虑每一次做出
的决定。金钱虽然能够给予我们一时的满足和安全，但只有名声
经得起时间的考验，能在历史长河中永存。在追求金钱的同时，
也应该同时追求良好的名声，并不断努力提高自己的品德和贡
献，以此建立永恒的财富。

第四章

放空自己，让心回归自然

李小龙说："清空你的杯子，

方能再行注满。空，无以求全。"

真正厉害的人，都善于做减法。

他们不时地清空自己，

就是为了让"活水"源源不断地流进来。

懂得清空自己，

及时为自己"清内存"，

才能避免不必要的拖累，

行稳致远。

⚪ 1.简朴也是一种美

修己以清心为要，涉世以慎言为先。——弘一法师《格言别录》

商纣继位之初，也是一位勤政爱民的好皇帝，天下人都认为在这位精明的国君的治理下，商朝的江山一定会坚如磐石。有一天，纣王命人用象牙做了一双筷子，十分高兴地使用这双象牙筷子吃饭。他的叔父箕子看见，便劝他将筷子收起来，而纣王却满不在乎，满朝文武大臣对此也不以为然，认为箕子实在是太小题大做了。

箕子为此忧心忡忡，有的大臣摸不着头脑，私底下问他原因，箕子回答说："纣王现在用象牙做筷子，难道还会满足用土制的瓦罐盛汤装饭吗？他肯定要改用犀牛角做成的杯子和美玉制成的饭碗；有了象牙筷、犀牛角杯和美玉碗，难道还会用它们来吃粗茶淡饭和豆子煮的汤吗？大王的餐桌从此顿顿都要摆上美酒佳肴了；吃的是美酒佳肴，穿的自然要绫罗绸缎，住的就要富丽堂皇，那么就得大兴土木筑起楼台亭阁以便取乐了。这样的后果计我觉得不寒而栗。"

仅仅过了五年，箕子的预言就应验了，商纣王恣意骄奢，使商汤绵延五百年的江山毁于一旦。

箕子为什么能够对商纣王的未来变化作出正确的判断呢？实际上他的思想可以用现代经济学中的棘轮效应来解释。

棘轮效应又称制轮效应，是经济学家杜森贝里提出来的一种消费效应。著名古典经济学家凯恩斯曾提出这样的主张：消费是可逆的，即绝对收入水平变动必然立即引起消费水平的变化。针对凯恩斯的这一观点，杜森贝里提出了不同的看法，他认为这实际上是不可能的，因为消费决策不可能是一种理想的计划，它还取决于消费习惯。这种消费习惯受生理和社会需要、个人的经历、个人经历的后果等诸多因素的影响。特别是个人在收入最高期所达到的消费标准对消费习惯的形成有很重要的作用。因此棘轮效应就是说人们的消费习惯在形成之后是不可逆性的，即易于向上调整，而难于向下调整。习惯的力量超乎我们的想象，我们想要作出调整实际上是比较困难的。我们很容易在收入提高的时候增加消费，但是却很难在收入降低的时候减少消费，因为我们的消费习惯在左右着我们的消费行为。

宋代政治家和文学家司马光有这样一句名言："由俭入奢易，由奢入俭难。"这句话可以用来准确地概括棘轮效应。一个人由简朴到奢侈是非常容易的，但是由奢侈变为简朴就非常难了，消费习惯的不可逆性使人难以回到当初简朴的生活。

每个人都有欲望，比如，当我们饥饿的时候需要食物来充饥，当我们寒冷的时候需要棉被来抵御严寒。类似这样的需要都是人的本能需求，有需求就会产生欲望，就会千方百计地寻找机会满足欲望。我们虽不能禁止欲望的产生，但也不应该纵容自己的欲望无限膨胀，以至于达到贪得无厌的地步。这对我们良好的消费习惯的养成是十分不利的。

我们只有限制自己的欲望，适当约束自己的消费行为，使自己的消费行为更加理智，才能避免"君子多欲，则贪慕富贵，枉道速祸；小人多欲，则多求妄用，败家丧身。是以居官必贿，居乡必盗"的情况出现。

也许很多人认为，现在谈论简朴是一种过时的行为，还有的人认为，只要我的消费符合我的收入水平就可以了，其实不然。假如我们的收入水平突然下降，消费习惯也会马上随之改变吗？当然不会。消费习惯是日积月累形成的，很难说变就变。因此，养成简朴的生活习惯对我们来说好处多多。

今天，我们努力地认知周围快速变化的世界，不断地追逐各种新事物，好让我们的脚步跟得上时代的步伐。在这样的社会环境下，许多美好的传统被抛弃了，人们开始推崇超前、奢侈的消费观念，为了追求时尚或者为了炫耀，渐渐地养成了奢侈的消费习惯，以此来满足自己的虚荣心，却不知道自己为自己设置了一种无形的压力。这种压力使你不断地追逐更多奢侈和新鲜的事物，仿佛永远没有尽头，就像一只被鞭打的陀螺，只能不停地旋转。

弘一法师学习印光法师的美德，并将其发扬光大。他平生不做主持，不收弟子，简朴恬淡，专心念佛，一件衣服足有两百多个补丁，一把雨伞用了二十多年。李圣章在杭州见他用咬扁了的柳条当牙刷蘸盐水刷牙，吃的菜里也没什么油水，穿着百衲衣，忍不住心酸落泪。在泉州，别的和尚扔了的萝卜，他捡回来吃得津津有味。夏丏尊在宁波见他毛巾太破，要替他换一块，弘一法师不肯，将毛巾展开来，表示还能用，"和新的差不多"。夏丏尊见弘一法师用筷子郑重地夹起一块萝卜时那种满足的神情，感动得几乎要流下眼泪，不由地感慨：在弘一法师看来，世界万物无一不好。

弘一大师为僧二十多年，通过精诚庄严的自律苦修，大力弘扬南山律宗，以一人之力使律宗得以复兴，佛门称弘一为"重兴南山律宗第十一代祖师"。

每个人来到这个世界上都在寻找生活的意义，到底什么是生活的意义呢？追求表面化的事物是没有意义的。只有回归简朴的生活才能消除内心的慌乱和浮躁，找到一个心灵休憩的港湾。简朴的生活是一种美，它能给我们的生活带来活力与朝气，给我们的内心带来轻松和愉悦。

简朴的生活让我们摆脱盲目的奔波与劳累，让我们简简单单地体会生活，体会人生的真谛。

▶ 放下的智慧

简朴的生活并不是要求你过于节俭，甚至达到只吃馒头喝白开水，穿破烂的衣服的程度。它除了要避免奢侈，更重要的是要求人们内心的简朴。只有摒弃了那些华而不实的东西，我们才会远离喧嚣，找到自己内心的那一片宁静之地，领悟生活的真谛。

◐ 2.拒绝浮躁，脚踏实地

口念书而心他驰，难乎有得矣。——弘一法师《佩玉编》

李叔同是一个从小接受孔孟文化的儒者，也曾担负着求取功名、光耀门楣的重任。无奈科考失利，又逢家道中落，诸事艰辛，相信他的内心也曾出现过人生亦幻亦真的镜像。生活的窘迫和养家的责任，让这个孤傲清高的知识分子，不得不纵身跃到泥沙俱下的社会中讨生活。无论是在上海《太平洋报》副刊做编辑，还是在杭州"浙一师"当教师，那仅仅是一份养家糊口的工作，他要适应职场里的各种规则，要学会圆滑地做人处事，要违心地应酬各种饭局。

虽然李叔同当时在美术、音乐、书法等领域中被视为艺术大师，世人对他刮目相看。但是面对冷酷的现实，他所做的一切无法得到他人的认同，由此失去了自信，产生了逃避心理。人心浮躁的年代，再难看到灵魂撞击的花火，再难听到心灵交融的圣歌，他只能守着最后一片心灵净土，寻找清澈的河流和一叶小舟。

社会上有不少人，总以为靠着一点小聪明，就能轻易取得成功。其实这种想法是不正确的。投机倒把也许能得意于一时，但终归难以做到长久。

唯有脚踏实地，才是登上成功阶梯的最好路径。所谓"万变不离其宗"，脚踏实地就是成功的根本，就是"以不变应万变"，它能够把大量稍纵即逝的机会变成实实在在的成果。也因此，很多人将"踏踏实实做事，老老实实做人"作为自己的座右铭。

浮躁的现象在社交场合，尤其是职场上表现得非常明显，很多人本身才智兼备，可每次都与成功失之交臂。于是，他们觉得老天对自己不公平，怨天尤人。其实真正的原因是，他们总是期望很多，却付出很少，内心里不屑于去做所谓的"一般的小事"，认为自己被大材小用。

一到关键时刻，他们就开始要起小聪明，投机取巧，企图通过偷奸耍滑来蒙混过关。但他们没有想过：自己能混过去一次、二次，但三次、四次呢？一旦被察觉，就会给人留下极坏的印象。建立一个好的印象需要长期的考察，而坏印象却能在一瞬之间形成，而且一旦形成，想要改变是非常困难的。犹如一张白纸，整张白纸的白不如上面一个墨点能给人留下极深的印象。那么，是不是在同事面前要"小聪明"就行得通呢？当然不是。如果你要冒险这么干，结果会更糟：你会同时失去身边人的信任。

总是要小聪明的结果会怎样呢？也许某一次被老板识破，然后无奈辞职，不得已到另外一个公司。但是，同样的戏剧很快又再次上演，只不过是换了一个地方，换了一个时间。许多年后，别人都已经创下自己的事业，打下一片江山，这样的人却可能还在寻找自己的下一个容身之处。即使最后觉得人生可悲，决定从头做起，可已经物是人非，多少机会已经失去！

小史在学校里是一个很活跃的人，一直被朋友们十分看好。可是让朋友们吃惊的是，毕业几年后，他还是经常跑人才市场找工作。而让朋友们大跌眼镜的是，上学时默默无闻的小朝，却从同学们中间脱颖而出，此时已经成为一家著名电脑公司在华北地区的市场总监了。

这是怎么回事呢？这要从他们两人各自的经历说起。

离开学校后，小史应聘做了一家宾馆的大堂经理。由于刚开始，他要的一些"小聪明"屡屡得逞，所以，那时他挺受重用。可过不多久，他的那些"小把戏"都被一一拆穿，老板马上就将他"冷冻"起来。无奈之下，小史只好卷铺盖走人。

之后，小史又进了一家中德合资企业。领导严谨实干的作风当然又是小史不能"忍受"的。后来他又先后为新加坡人、日本人、美国人打工，几年下来，小史的老板都可以组成一个"地球村"了，可小史却还是在职场游荡。

小朝则不同。大学毕业后他就进了这家电脑公司的销售部。之后，他兢兢业业，踏实努力，默默地积累工作经验。他对行业渠道的熟悉程度受到上司的赏识，他对公司产品的了然于胸更是得到上司的肯定。当该公司华北地区市场总监的位子出现空缺后，公司总部就让他顶了上去。

他们的经历，用某位大学生的话来说就是"毕业以后，我们发现了彼此的不同，水底的鱼浮到了水面，水面的鱼沉到了水底"。

如果你本身就有一定的才干，又加上勤奋踏实、肯吃苦，不管大事小事，只要是自己的工作，都事无巨细、悉心尽力、力求完美，而且不断地为自己设定更高的目标，监督自己、激励自己、精益求精，并且能一直保持这种优良的品质，那么，相信不管在什么岗位上，你都是杰出的。聪明的老板会在内心暗暗地赞许你，还可能把企业的核心业务交到你的手上，培养你。这样，在一次次与重大业务的交锋中，你的能力才有机会得以升华，老板自然也会重用你。

▶放下的智慧

要想使自己获得成功，除了具备实力，还要有实干的精神。只有这两者结合起来，你才会如虎添翼，机遇才会青睐你。踏实是一种习惯，更是一种认认真真、实实在在、不骄不躁的态度。这也是做人、做事、做企业的基础和前提。

⚛ 3.如何对待世人的非议

轻当矫之以重，浮当矫之以实，褊当矫之以宽，躁急当矫之以和缓，刚暴当矫之以温柔，浅露当矫之以沉潜，谿刻当矫之以浑厚。——弘一法师《格言别录》

生活中我们难免会遇到非议，这时是怒不可遏地争辩还是一言不发地置若罔闻呢？答：不用辩解。如何停止纷争？答：不争，自然不会有人跟你争。

这真是大智慧，对于别人的非议，最好的办法就是不言，不辩。你如果非常生气地辩论，甚至反过来去攻击别人，反而会招来更严重的非议，那个时候人们恐怕已经不在乎事情的真实性了。

为人处事最高明的手法就是不争。两虎相斗，必有一伤，你不争自然不会有人跟你争，这也是老子在《道德经》中提到的"以其不争，故天下莫能与之争"。就像弘一法师面对世人的非议时，他只是低头诵经。

所以，如果遇上难堪的误解，遭到他人不公正的批评甚至辱骂，不论这些言辞是何等的卑鄙、恶毒，或者残酷，你千万不要因对方一句不公正的批评或难听的辱骂，而变得像对方一样失去理智。获胜的唯一战术，就是保持沉默，不和别人发生正面冲突，更无须做一些多余的解释。

栽赃、陷害、流言是小人和敌人惯用的伎俩。英国伟大的戏剧家莎士比亚说："不要为了敌人而过度燃烧心中之火，不要烧焦自己的身体。"在受到他人的陷害或误解时，如果你无法解脱，什么事都没心思去做，整天沉溺在自己的不平遭遇之中，一蹶不振，这就会成全了小人的恶意，中了他们的圈套。

美国有一位很有才华、曾经做过大学校长的人去参加州议员的竞选。他资历很高、精明能干、博学多识，在此次选举中获胜的几率非常大。但是，在候选人快要定下来的时候，有一个关于他的谣言散布开来。说他在大学担任校长期间，利用职务之便猥亵学校的女大学生。这简直是一派胡言，这位候选人由于按捺不住对这一恶毒谣言的怒火，在以后的每一次集会中，都要站起来极力澄清事实，证明自己的清白。其实，大部分的选民根本没有听到过这件事，可是听到他的辩解，人们却开始怀疑，并越来越相信那么一回事。竞争对手还振振有词地问他："如果你真是无辜的，为什么还要百般为自己狡辩呢？"这无疑是火上浇油，此后这位候选人的情绪变得更糟，更加气急败坏了，他声嘶力竭地在各种场合下为自己洗刷莫须有的罪名，然而，这样的争辩反而使人们更加信以为真。最悲哀的是，连他的太太也开始怀疑谣言的真实性，以致他的家庭岌岌可危，最后一败涂地。

人们在生活中经常会遇到恶意的指控、陷害，"唾沫底下淹死人"有力地证明了人言的可畏。有的人会因此大动肝火，结果把事情搞得越来越糟。

对待非议，我们应该有宽广的胸怀，该沉默时且沉默。

▶ 放下的智慧

对待非议，我们不妨置若罔闻。每个人都有自己的生活方式，没有什么人能得到所有人的理解，因此，我们不必为那一份没有得到的理解而深感遗憾，更不需在意别人的流言蜚语。那些若有若无的非议，倘若能够中伤你，那只是说明你的胸怀不够宽广，说明你的心理尚不够成熟。不要轻易被别人左右自己的言行，不要陷入别人的评论中不能自拔。一位哲人说："棍棒、石头或许会击伤我的肌骨，但语言无法伤害我。"在面对非议时，学会保持沉默，用沉默对待流言，那才是一种潇洒！

◎ 4.学会放弃，生活更美丽

事当快意处，须转。言到快意时，须住。——弘一法师
《格言别录》

李叔同为何放弃优越的生活，选择出家呢？李叔同 25 岁那年，母亲离世，无亲无挂的他只身前往日本学习美术，并和当地一个同样学习美术的女子结婚生子。6 年后，李叔同携妻带子回国，阔别多年的祖国已发生翻天覆地的变化，此时的清朝已经灭亡，到处是军阀割据。他在迷茫中选择投身教育事业，远离你争我夺的乱世红尘。

在那个动荡的年代，要避世而居，远离凡尘俗世安静为祖国教育事业做贡献也并非易事，经常会受到各方势力的侵扰，甚至威胁。李叔同感受到了一股无形的压力，让他喘不过气来，心灰意冷下毅然决然离开上海。他厌倦了凡尘世俗，只愿常伴青灯古佛。38 岁时，李叔同抛妻弃子来到杭州虎跑寺削发为僧，法号弘一。从此，他苦守清规戒律，潜心修行，最终成为一代宗师。

其实，生活原本是绚丽多彩的，也是充满快乐的，只是因为

我们常常自生烦恼，"凭添许多愁"。许多平凡的人，常常烦恼自己不能取得大的成功，于是他们奋力拼搏，放弃了很多东西，只为将来功成名就再享受生活。而等到功成名就后，他们却常常这样感慨：我的事业虽然小有成就，但心里却并不富足。我好像拥有很多，又好像缺失了很多。当年还没钱的时候，总是没有时间，因为忙着实现梦想，希望成功后坐豪华邮轮去环游世界，然而现在真正成功了，我却仍然没有时间，因为还有许多事情让人放不下……

放不下，就是很多人常常烦恼的原因。很多时候，我们舍不得放弃一个工作，尽管放弃了之后并不会失去什么；我们舍不得放弃那些让我们快乐或者悲伤的往事；我们舍不得放弃对权力与金钱的角逐……于是，为了"放不下"，我们只能用生命作为代价，透支着健康与年华。我们总以为自己在得到，却没有留意，在得到一些我们自认为珍贵的东西时，我们又错过了多少比这些东西要珍贵得多的美丽、青春年华甚至是宝贵的生命。这些东西一旦失去，是永远不可能再回来的。

其实快乐之道很简单，即"要眠即眠，要坐即坐"。这是一种自在的人生态度，也是快乐的源泉。人的生命是很有限的，如果你总是"吃饭时不肯吃饭，百种索取；睡眠时不肯睡，千般计较"，心有千千结，学不会放下，把时间都浪费在琐事上，又怎么能享受得到快乐，享受得到真正的自由呢？

一时的放下有可能会让我们获得更多。

有一个小男孩很聪明。有一天，他跟着妈妈到杂货店去买东西，老板很喜欢这个小孩，就打开一罐糖果，要小男孩自己拿一把糖果，但是这个男孩却没有动。老板想，小男孩可能有些害羞，就亲自抓了一大把糖果放进他的口袋中。回到家中，这个小男孩的母亲很好奇地问他："为什么你不自己去抓糖果而要老板抓呢？"小男孩笑着回答："因为我的手比较小，老板的手比我的大多了，所以他拿的一定比我拿的多很多！"这个小男孩无疑是聪明的，他认识到自己的能力有限，懂得适时放下，从而收获的比不肯放下多很多。

与小男孩的行为有着异曲同工之妙的，是美国著名家族财团洛克菲勒家族的"适时放下"。

第二次世界大战后，以美、英、法等为首的大国决定在美国纽约成立一个协调处理世界事务的联合国。得到这个消息，洛克菲勒家族斥巨资在纽约买下一块地皮，并将这块地皮无条件地赠给了这个刚刚挂牌、身无分文的国际性组织。

洛克菲勒家族的这一出人意料之举，令当时许多美国大财团都吃了一惊，也引来很多人的嘲笑。

但令他们没想到的是，联合国大楼刚刚建成，它四周的地价便立刻飙升，而由于早在向联合国赠送地皮时，洛克菲勒家族也把毗邻的大片土地全买下了，因此，就有相当于捐赠款数近百倍的巨额财富，源源不断地涌进了洛克菲勒财团。

洛克菲勒家族敢于在放弃中挣大钱之举，可谓将"适时放下"运用到极致。

▶ 放下的智慧

懂得在适当的时候选择放弃，看似愚笨，却实在是大智若愚的表现，是真正的大聪明。而一切斤斤计较、机关算尽的聪明，归根结底都是"小聪明"，小聪明虽然有时会带来短暂的利益，但到头来却往往是贪小便宜吃大亏。

5.看破人生的无常

富贵，怨之府也；才能，身之灾也；声名，谤之媒也；欢乐，悲之渐也。——弘一法师《格言别录》

相信日本有一位禅师，9岁那年立下了出家的决心，请慈镇禅师为他剃度。慈镇禅师就问他："你这么小，为什么要出家呢？"

他说："我虽然只有九岁，父母却已双亡。我不知道为什么人一定要死亡？为什么我一定非要与父母分离？所以，我一定要出家，探索这些道理。"

慈镇禅师说："好！我愿意收你为徒，不过今天太晚了，待明日一早，我再为你剃度吧！"

他却说："师父！虽然你说明天一早为我剃度，但我终究是年幼无知，我不能保证自己出家的决心是否可以持续到明天。而且，师父，你年纪那么大了，也不能保证自己明早起床时是否还能活着吧？"

慈镇禅师听完不禁拍手叫好，满心欢喜地说："对！你说的完全没错。现在我就为你剃度！"

无常人生，无常变化，思在未来，却要行在当下。九岁的小孩，说出的话却令成年的我们震撼不已。想想看，我们是不是曾经无数次动摇过决心？一万年太久，只争朝夕！今日事就应该今日毕，否则到了"明天"，即便你自己还有决心，周围的环境恐怕已经是时不我待！

人生就像一场没有预演的戏，谁也不会料到下一刻会发生什么！今天你腰缠万贯，一夜之间就可能负债累累；今天你高居庙堂，明朝就有可能远走他乡；今天你合家欢乐，明朝就有可能妻离子散……这样的事情时有发生，并不是空穴来风。人生无常，在有限的生命中活出自我，不留遗憾，才是对自己最大的负责。

对于李叔同的出家，当时浙江省立第一师范学校校长经亨颐的内心也是十分矛盾的。

经亨颐（1877—1938），字子渊，号石禅，晚号颐渊。1900年，他因参与通电反对慈禧太后废光绪帝，被通缉后避居澳门。1903年，他赴日本留学，入东京高等师范学校学习。1925年后，他投身国民革命，历任中国国民党中央执行委员、国民政府常务委员、国民政府教育行政委员会委员、代理中山大学校长、北京高等师范学校教授等职。他的一生很有特点，即早期参与政治，留日归国至1925年这段时间投身教育，然后又参与政务，晚年再重投教育事业。

李叔同是经亨颐从上海请来的。李叔同任教浙江省立第一师范学校后，他俩之间的关系亦十分密切。后来，经亨颐去上虞任春晖中学校长，1928年又与夏丏尊、丰子恺、刘质平等人募款在白马湖畔筑一精舍供弘一大师李叔同常住。从他撰写的《华严集联三百跋》里可以看出，经亨颐对弘一大师确是很尊敬的。他是这么写的：

"余曩任浙师范于民国元年，聘上人掌音乐图画，教有特契。艺术之交，亦性理之交也……迨七年秋，毅然入山剃度，身外物尽俾各友，余亦得画一帧，永为纪念……"

我们身边有很多人，总喜欢把事情拖到明天做，这不仅仅是懒惰，还是一种极不负责任的表现。生命中的每一分钟都是值得珍惜的，谁知道一觉醒来你还会不会在这个世界上。尤其是面对自然灾害，生命的脆弱更是展露无遗。在大自然面前，纵使我们拥有再多的财富，再高的权位又有什么用呢？"人是一棵有思想的芦苇"，其实就是说明了生命的脆弱，所以，如果你仍活在这个世界上，就应该感到庆幸。今天该做的事情就要今天完成，不要拖到明天。那些理想或豪情壮志只是激励我们的一种方式，最重要的是把握眼前。把眼前的事做好，你才有可能达成梦想。

明天和意外不知道哪一个先来，最重要的是活在当下。把自己的生命尽情地展示出来，体现出应有的价值，这才是我们活着的意义。

▶ 放下的智慧

不要总想着明天会怎样怎样，否则即使明天来了，这种拖延的心理也会让你把事情拖延到后天。日复一日，这种心态就会形成习惯，不可更改，终究会误了一生。想要活出真正的自己，就要先把眼前的事情做好，这就已经对生命负起了责任。凡事要抓紧，今天的问题今天就要解决，不要拖到明天。把握现在，才有可能展望未来！否则，一切都无从谈起。

6.人生无处不修行

一切顺逆得丧毁誉爱憎，要知宇宙古今圣贤凡民都有的，不必辄自惊异。——弘一法师《佩玉编》

弘一法师到朋友家做客，朋友家有一把藤椅，弘一法师先是把藤椅慢慢地摇晃了几下，然后才坐下。朋友问他为什么要这么做呢？弘一法师回答说，藤椅放置的时间久了，缝隙之中或许生了一些小虫，贸然坐下可能会杀死它们，稍微晃动一下，它们自会找到安全的栖身藏命之所。从这件小事，我们可以看到弘一法师的慈悲之心以及心思之缜密。

林清玄的《悲欣交集》一文中记载了弘一法师的另一桩小事，同样可见他的慈悲之心。听说如果把养猫的饭用来养老鼠，就可以杜绝鼠患。不过大多数人都是听说而已，没什么人真正实践过。弘一法师住在山里，有几只老鼠经常来偷吃，衣服上都是老鼠咬的洞，甚至连佛像的脚也被老鼠咬破了。而且老鼠四处落粪，烦扰不断。于是，弘一法师真的把养猫的饭用来养老鼠，结果一共有 6 只老鼠吃饱就走，再也不骚扰他了，大家相处愉快，各自安然。

从这两件小事上，我们可以看到弘一法师的两大品质，其一是他的大慈悲，其二是他的心思缜密。

日本的峨山禅师是白隐禅师的得意门生，不仅禅法了得，而且善于随机应变。

时光流逝，峨山禅师日渐老迈。但他每日都坚持做些自己力所能及的事情。

有一天，他在庭院里整理自己的被单，累得气喘吁吁，一个信徒看到了，就走上前问："您不是大名鼎鼎的峨山禅师吗？您德高望重，年纪又这么大了，还有那么多的弟子，这些杂事还用您亲自动手吗？"

峨山禅师微笑着反问道："我年纪是大了，但老年人不做些杂事，还能做什么呢？"

信徒说："老年人可以修行、打坐呀！那样可要轻松多了。"

峨山禅师露出不满的神色，反问道："你以为只有念经打坐才叫修行吗？那佛祖当年为弟子穿针、为弟子煎药又算什么呢？做杂事也是修行啊！"

艺术来源于生活却高于生活，每一件伟大的艺术作品都是从生活中汲取的灵感，没有人能脱离开生活创作出伟大的作品。同样的，一个人只有在生活中实践、磨炼，才有可能获得感悟，继而去创作属于自己的一片天。如果一个人背离了生活，只专注于理论，不去实践，那么他永远都是在纸上谈兵，一旦被一些事情困住，就想象不出解决的办法。要想让自己更加成熟，更加有经验，那么第一步就是要去体验生活。生活中每一个角落都蕴藏着知识，只要你有一双善于发现的眼睛，生活随处都可以学到知识。

另外，不要把自己抬得过高！总有些人觉得自己有一些成就，就懒于做一些很小的事情，比如吃饭让别人订，喝茶让别人倒，房间让别人收拾，甚至上厕所都有人帮着拿手纸。这样人的即使有再多的财富和再高的地位，又能怎样呢？他们的生命真的有意义吗？生命的意义在于能从生活中感悟到什么，付出了什么，而不是从生活中索取到什么！

▶放下的智慧

只要用心，生活中随处是快乐，眼前处处是美景。平视着去看别人，去与人交谈，是一种为人处世的技巧。这样的人往往能交到很多朋友，也容易获得别人的帮助，以至于成就自己的事业。所以，不要抱怨生活，因为一切的成功和财富都来源于生活。只要你用心去发现，随处都可以磨炼自己的心性和品德！

第五章

简单生活，看淡人生得失

生活简单，人就幸福；

心若简单，人便快乐。

普通的人生，

也能过得精致。

平凡的日子，

也能充满欢喜。

追赶不上的不追，

不属于自己的不要，

挽留不住的不留，

生活没有那么复杂。

1.简单生活

宜静默，宜从容，宜谨严，宜俭约。——弘一法师《格言别录》

有人把潇洒理解为穿着新潮、谈吐风雅、举止干练、神采飘逸。实际上，这只是浅层次的认知。真正的潇洒，应该是一种顺境不放纵、逆境不颓唐的超然豁达的精神境界。

生命的过程就如同一次旅行，如果把每一个阶段的"成败得失"全部扛在肩上，今后的路还怎么走？为你的"旧包袱"举行一场葬礼，将它埋葬，与过去的不愉快说再见，跟往事干杯吧！用乐观代替悲观，以镇定代替不安，用愉悦代替烦恼。这样，你将在往后的人生旅程中轻装上阵，生活会更加轻松而有质量。

作家刘心武曾经说过，在五光十色的现代世界中，让我们记住一个古老的真理：活得简单才能活得自由。

简单不是庸碌无为，不是随波逐流，不是与世无争，更不是游戏人生。

简单是一种平凡，但不是平庸；简单是一种平淡，但不是单调。

简单是一份温馨，简单是一种幸福。不求大喜，亦不愿大悲，是只乐于饭前一本书，饭后一杯茶的生活。

简单是一种智慧，是一种经历复杂之后的更上层楼的彻悟，是一种心灵的净化。简单源于对现实清醒的认识，是来自灵魂深处的表白。

简单是一种美，是一种朴实且散发着灵魂香味的美。在喧嚣的世俗里增加了一份宁静，不做作，不矫饰，洒脱适宜，襟怀豁然。简单不仅给予你一双潇洒和洞穿世事的眼睛，同时也让你拥有一个坦然充实的人生。

简单是"得而不喜，失而不忧"，是心胸宽阔、与人为善，是洒脱，是从容，是在追求人生的真正价值。简单人生里的太阳每天都是新的，什么事都无须去刻意追求，自然的都是美的。简单人生是潇洒，是恬淡，是率真，是坦荡……

有位哲人曾说过，天底下只有三件事。

一件是"自己的事"。诸如上不上班，吃什么东西，开不开心，结不结婚，要不要帮助人……自己能安排的都是自己的事。

一件是"别人的事"。诸如别人是否勤奋，别人的婚姻是否幸福，别人对我是不是满意，别人是否感激我对他的帮助……

一件是"自然的事"。诸如刮风、下雨、地震……人能力范围以外的事情，都属于"自然"的范畴。

人的烦恼就是来自：忘了自己的事，爱管别人的事，担心

"自然"的事。

人要轻松自在、活得简单，其实很容易：打理好"自己的事"，不去管"别人的事"，不操心"自然的事。"

1937年5月14日，弘一大师带着弟子传贯、开仁、圆拙等乘太原轮出发前往青岛。

他带的东西很简单，只有一条被单，一顶帐子，几件破了又补的衣服，以及几本重要的律学著作而已。就连他住的舱房，也是会泉法师怕他路上太辛苦而暗中代定。这就是弘一法师出家后的生活，简单到极致。

简单的生活就是对自身、对环境保持真实，找到生活各个方面的合适位置；就是保证有时间做自己想做的事，而不是让时光在烦乱的家事中流走。

简单的生活就是不要被太多的欲望拖着上路，不要总认为别人拥有的自己也应当拥有，终日惶惶不安地迷失在自己制造的种种需求中，在物欲的罗网里苦苦挣扎；简单的生活就是要安于淡泊、远离名利，不要让太多的虚荣不停地抽击生活的陀螺，不要让太多的功利思想遮去心头灿烂的阳光。

简单的生活就是积极创造生活、热爱生活。我们不能以被动的消极姿态去对待生活，而要积极地去面对生活和现实，将有限的收入、时间和精力，应用到一种舒适、有效的生活方式中。它是一种生活的艺术，是一种谋求生存、面对自我和勇于革新的艺术。

简单的生活就是多一些精神上的享受，少一些物质上的烦恼；多一些感激，少一些抱怨；多一些宽容，少一些忌恨；多一些思考，少一些浮躁。只有这样，才能在这个大千世界里，让自己的生活多一些色彩，少一些后悔；多一些朋友，少一些敌人；多一些温馨，少一些孤独。对生活的期望值不要太高，这样你才能时时开心，天天快乐。

▶ 放下的智慧

最简单的生活往往才是最精彩的。因为简单，我们可以省去许多麻烦和烦恼，这本身就是幸福；因为简单，我们可以保留一种轻松的态度，以平静的心态轻装上阵，快意人生，成就幸福；因为简单，在我们的生命即将走向终点的时候，可以因为没有虚度光阴而最后一次品味幸福。

2.不要太在意形式

凡为外所胜者，皆内不足。凡为邪所夺者，皆正不足。

——弘一法师《格言别录》

唐代的陆亘大夫问南泉禅师："弟子家中有一块石头质地很好，我曾经想把它雕成佛像。但是我的家人有时候会坐在上面，甚至躺在上面，把坐卧过的石头雕成佛像，是不是对佛的亵渎呢？"

南泉只是微笑，不作回答。

陆亘只好再问："禅师，你说我可以把它雕成佛吗？"

南泉不得已，答道："可以。"

陆亘不放心地再问："真的可以吗？"

南泉答："不可以。"

弘一法师在闽南弘法的演讲很有个人特点。第一，不拘场所。弘一法师所演讲的地方，有著名寺庙、佛教院校、慈善机构、学校、经堂、居士菜堂、私人住宅、宗祠等。第二，内容广博。据《壬丙南闽弘法略志》《泉州弘法记》中记载，弘一法师到每一处讲演的题目不下二十余种，内容极为丰富。第三，排期紧凑。弘一法师有时连续几天不停演讲，有时一天在两个不同的地方演讲，甚至除夕夜也不休息。据《壬丙南闽弘法略志》载：壬申除夕夜，在草庵讲《蕅益大师"普说"二则》；甲戌除夕夜，在万寿岩念佛堂讲演；乙亥除夕夜，在草庵病榻上讲说。第四，富有特色。弘一法师的演讲之所以能受到各界各阶层不同人士的一致欢迎，除了他严以律己的人格魅力和广博的佛学知识外，还由于其演讲极富特色。其特色，一是深入浅出，往往能用浅显的语言表达深刻的教理；二是融进自己经历，以现身说法来感染听众；三是语言亲切，自然表明自己的心态；四是充满真知灼见，极富启发性，让人很容易接受他的说辞。

有很多人总会被一些传统的条条框框限制住，做这件事害怕别人说三道四，做那件事也害怕别人说三道四，最后一件事情也没做成。这样的人其实是被束缚了思想，太注重于外在的形式。

形式其实只是约束我们道德规范的一种框架而已，许多时候不必为了这样的框架放弃自己的想法。每一个人要想有一番大的作为，就必须冲破这种约束，做自己想做的事情。形式主义者表面上是唯命是从只讲规矩的人，其实是没有主见的懦弱表现。太注重于形式只会让我们失去挑战自我的勇气，不敢去想、不敢去做，唯恐别人说自己大逆不道或是不安分。为什么我们要那么看重别人的眼光呢？我们在做自己的事情，成功了自己享有，失败了自己承受，别人左右不了你的成功。所以，做自己的事，让别人说去吧，我们要有一种敢于突破自我的勇气。

这个世界上不缺少会想的人，也不缺少会做的人，唯独缺少既会想又会做的人。会想的人没有勇气去做，被外在的形式所束缚；会做的人只知道用蛮力，不知道去思考；而既会想又会做的人不但有勇气去做，还有能力去思考，这样的人做什么事应该都可以成功。所以，把形式从观念里去掉，这才是你走向成功的要素之一。如果太注重形式，只会被一些条框所约束，走不出自己的路。

▶ 放下的智慧

一个人要勇敢地做自己，因为只有自己尊重自己的想法，才能有一番大的作为。太在意形式，不敢去做的人，永远也成就不了一番事业。把形式去掉，你才有可能获得打开成功之门的钥匙。做真实的自己，尊重自己的想法，你才会有一个属于你的人生。

3.简单就是幸福

只寡欲，便无事。无事，心便澄然矣。——弘一法师《佩玉编》

弘一法师一生的追求到底是什么呢？有人说是幸福，有人说是内心的安宁，其实都是对的。

"幸福"为什么要苦苦追寻呢？这种虚无缥缈的东西，不似手中的玻璃杯那般唾手可得，亦不像贴心的宠物能呼之即来挥之则去。当我们历经千辛万苦后却可能发现，捧在手中的珍贵的幸福，原来根本不是我们想要的幸福。

"幸福"为什么要苦苦追寻呢？这种简单而又近在咫尺的感觉，不必翻山越岭、刨根问底般地探索，也不必呕心沥血般地经营。当我们在苦痛的感叹中轻轻顿足，却忽感一丝清风拂过脸颊，原来幸福一直在我们身边从未离去。

这是两种截然不同的境界，更是两种对于幸福渴望的探究。第一种意味着你需要满足一切可望而不可即的心愿才会感到幸福。这好比在漫漫旅途中的一次机遇：你捡到一盏神灯，而神灯只能满足你三个愿望，但你发现三个还不够，于是在祈求最后一个愿望时又需要再满足三个愿望。周而复始，一切仿佛进入了无尽的轮回。于是你不停地追逐愿望，因为总是觉得下个愿望才是最美好的，才能得到真正的幸福。

这样的人永远都在追逐、探索，却忘记了幸福的本质，永远活在追求幸福的路途中，而留给自己的仅仅是辛劳和苦楚。

而第二种选择或许能为人生领悟出幸福的真谛。那些最平凡却又最令人回味的感觉总是能为生活带来短暂的快乐。也许只是欣赏喜剧时嫣然一笑，也许只是品味亲手为家人烹饪美食的一丝成就感，也许只是辛勤劳动换来的一句赞美，也许……

这一切是那么真实，也那么短暂。但真正的幸福，不就是由这一点一滴的欣慰、快乐堆积而成的吗？难道只有功成名就才能带来欢声笑语？我们可以努力追求世间的一切，但将心彻底掏空，用你的健康换来的金钱就能让你幸福吗？当你事业有成，却发现自己的孩子变得桀骜不驯、胡作非为时，还能感受到家庭的温暖、幸福的甜蜜吗？

曾经听过这样一个故事：

一个神情沮丧的小伙子坐在公园里的靠椅上，目光呆滞地看着一群老年人在慢悠悠地打太极拳。小伙子感叹道："唉，现在的老人多幸福啊！"

坐在他旁边的，正是一个头发雪白的老者。老者听到年轻人的感慨便问道："年轻人，你难道不幸福吗？"

小伙愁眉苦脸地说："别提了，我的生活简直一团糟。今天在公司竞争一个经理的职位，我落败了。家里的房子还是十年前的老屋，原本想这次竞选成功便可以去购置一套大房子，现在只能望楼兴叹。最糟糕的是，我每天都为了这个家在努力拼搏，但我的妻子却一点都不理解我的苦心，老是因为我不能回家吃饭而和我吵架。我简直烦透了！"

老者微笑着问道："那么，什么样的生活才能让你感觉幸福快乐呢？"

小伙子眼神里充满了憧憬，他指着远处一座高楼说："要是能够搬进那栋大厦我就心满意足了。"

老者摇摇头，很淡然地说道："这个愿望我没有能力帮你实现，但我有一种办法，现在就能让你感到幸福快乐，你愿意尝试吗？"

小伙子用怀疑的目光打量着老者说："你真的有办法吗？"

老者说："你现在去花店买一束鲜花，然后回家吃饭。"

小伙子说："就这样吗？"

老者轻轻地点点头，起身说道："就看你愿不愿意尝试了。"说完便转身离去。

小伙子目送着老者远去的身影，心想：这叫什么办法，我还以为他会教我一套赚大钱的方法呢。于是他闷闷不乐地离开了公园。天色渐渐暗下来，小伙子在回家的路上经过一家花店，他虽然不太相信老者的话，却鬼使神差地走了进去，随便选了一束雪白的百合便回家了。

回到家里，妻子看见他捧着一束百合，很兴奋地说："这是送给我的吗？"小伙子点点头。妻子开心地在他脸颊吻了一下说："我去做饭。"饭菜很快做好了，夫妻俩静静地坐着吃饭。妻子不时地闻闻百合的香味，脸上洋溢着甜蜜的微笑。小伙子突然觉得有些内疚，便说："对不起，我当经理的事泡汤了，我们住不了大房子了。"妻子却说："住在这里不好吗？只要你经常回家陪我吃饭就够了。"小伙子顿时觉得心头暖暖的，嘴角也不知何时露出了微笑。他这才意识到，原来自己已经身处幸福之中。

第二天他想去感谢那位老者，等了很久却迟迟未见其到来。他去问那边打太极的老头，老头说："哦，你说的是他啊？他昨天晚上就去世了，但走得很安详。"

▶ 放下的智慧

幸福，不是物质所能取代的。它只是一种感觉，一种让我们快乐、温暖、感动的感觉。幸福并不需要物质上的极大满足才能艰难的得到，有时候仅仅是在一念之间便能获取。如果你只为心中的欲望不能实现而烦恼不堪，如果老人感叹将不久于人世而心灰意冷，又怎么去体会当下的幸福呢？为你和你的家人做一些力所能及的事吧，你会发现，原来你一直生活在幸福之中。

ⓓ 4.宽容是一种人生境界

持身不可太皎洁，一切污辱垢秽要茹纳得。与人不可太分明，一切善恶贤愚要包容得。——弘一法师《格言别录》

唐朝时，有一位法号叫丰干的禅师，住在天台山的国清寺里面。有一天，当他在松林里悠闲地漫步时，忽然听到山道旁边传来了小孩的哭声。他循着哭声望过去，看见了一个年纪幼小的孩童，那孩子虽然穿得破烂，但样貌却不凡。丰干大师带着那孩子四处寻找亲人，但是几乎问遍了附近的所有村庄，也没有人知道这个孩子到底是谁家的。

丰干禅师实在没有办法，就把这个孩子带回了国清寺，等着孩子的父母前来认领。由于这个孩子是丰干禅师捡回来的，所以大家都叫他"拾得"。

由于一直没有人前来找孩子，从此以后，拾得就在国清寺安住下来。随着时间的流逝，拾得一天天长大了，也结交了不少志同道合的朋友，其中与拾得最谈得来的就是一个名叫寒山的贫者，两人成了莫逆之交。

由于寒山生活非常贫穷，所以拾得总是将斋堂里剩下来的斋饭用一个竹筒装起来，让寒山背回去吃。

有一天，寒山问拾得："假如这世间有人毫无理由地诽谤我、欺负我、侮辱我、耻笑我、轻视我、鄙视我、厌恶我、蒙骗我，我该怎么办呢？"

拾得坦然回答说："你不妨忍着他、谦让他、由着他、避开他、忍耐他、敬着他、不理他。再过几年，你且看他如何。"

寒山接着问道："除此之外，还有什么其他的处事秘诀，能够使人躲避别人恶意的纠缠呢？"

拾得回答说："弥勒菩萨说：老拙穿破袄，淡饭腹中饱，补破好遮寒，万事随缘了；有人骂老拙，老拙只说好，有人打老拙，老拙自睡倒；有人唾老拙，随他自干了，我也省力气，他也无烦恼；这样波罗蜜，便是妙中宝，若知这消息，何愁道不了？人弱心不弱，人贫道不贫，一心要修行，常在道中行。如果能够体会这几句话中的精义，那就是无上的处事秘诀。"

寒山与拾得的这段对话被后人奉为经典，它值得每一个人去深思。

人生不过百年，短暂如过眼云烟，与其纷纷扰扰，吵吵闹闹地过，倒不如把一切都看得开一些，用一颗宽容的心，从从容容、大大方方地去处世，使自己修炼到面对任何风云突变，都能宠辱不惊、拈花一笑的至高禅境。

宽容是大度，是一种胸无芥蒂、宽宏大量、大肚能容、海纳百川的胸怀，但它并不意味着是非不分、爱憎不明，也不是曲直不辨、麻木不仁，而是给那些我们可以理解、原谅的人以出路，让他们迷途知返，回归正道。

仁慈与宽容是修复自己内心的重要力量。在面对自己和他人的错误、过失和困境时，我们常常会陷入抱怨、指责和愤怒之中，这不仅增加了自己的痛苦，也无法帮助他人。

仁慈与宽容是一种态度，能够化解内心的痛苦和紧张。当我们面对他人的过错时，我们可以试着换位思考，想象自己处于他们的处境，体验他们可能面临的困难和痛苦。

通过理解和仁慈，我们可以释放内心的负担，消除与他人的矛盾，建立和谐的人际关系。

同时，仁慈与包容也包括对自己的宽容和理解。我们常常对自己过于苛刻，要求自己完美无缺。然而，弘一法师提醒我们要仁慈地对待自己，理解自己的不完美和过失。我们应该接纳自己的过去，包容自己的错误，同时也要给自己成长和改变的机会。仁慈与包容的态度可以让我们摆脱自我责备和内心的焦虑，给予了自己更多的爱与关怀。

▶ 放下的智慧

凡事以一颗善心去思考，不为自己的蝇头小利斤斤计较。能一笑了之，就不要非与别人争个面红耳赤；能饶恕别人就不要得理不饶人地一再指责。用一颗宽容的心大度地去处世，"本来无一物，何处惹尘埃"，这就是一种宽容，一种境界。如果能够达到对万事都宽容为怀的境界，那么生活也将呈现出一派阳光明媚的风景。

5.不同的人有不同的活法

人生一日，或闻一善言，见一善行，行一善事，此日方不虚生。——弘一法师《佩玉编》

明清之际，有个名叫王夫之的人，世称"船山先生"，他是一位思想家、文学家。才华横溢的他为后人留下了很多佳作，也为后人留下了很多值得称道的故事。

有一天，王船山的一位老朋友跋山涉水走了很长的路来拜访他。多年的老友难得相见，这让王船山喜出望外，赶紧吩咐家人热情地款待老友。

大明江山在这个时候早已被清朝取而代之，并且明显可以看出，清朝的根基已经相当稳固。以前那些坚持反清复明的人士大部分都归顺了清廷，甚至有一些人还做了清廷的官员，王船山的这位老朋友就是其中之一。而王船山却始终坚持着自己明臣的身份，面对高官厚禄的诱惑丝毫不为所动，独自一个人默守着那份清贫和寂寞。

虽然王船山和老友在政治上的见解不同，然而两人的友情还是非常深的。他们俩自小就亲如兄弟，一起在学堂里读书，一起学习剑法，虽已时隔多年，却恍如昨日。所以两人今日相见，彼此都非常欣喜。

就在两人喝得正高兴的时候，老朋友借着酒兴对王船山说道：“船山兄，你应该好好想一想啦，现在大清王朝的江山已经坐稳，根本就不可能实现反清复明啦。而现在国家正处在用人之际，像船山兄这样博学多识的人才，为什么不做一番出人头地、光耀门楣的事业呢？”

王船山听到老朋友说这些话，不禁皱起了眉头，但他稍一沉思，眉头又舒展开来。他抬起头，微笑着冲老友说道：“你我兄弟多年不见，今日难得一聚。我们今天不谈国事，只叙友情。来，为我们的久别重逢干杯！”

这位老友在王船山家停留多日，虽然他一再提起请王船山为官的事，但每次都被婉言谢绝了。老友觉得王船山在这件事上太不知变通，任他怎么好言相劝也拧不过王船山的一根筋。

老友实在没办法了，便在一天吃过早饭后向王船山辞行。王船山知道老友已经打定主意要离开，便没有出言挽留。

当为老友送行时，王船山手里撑着一把伞，脚上穿着一双木鞋，两人走到大门口，王船山就不再前行。老朋友见王船山已经打定主意，再劝也无济于事，便只好翻身上马，扬长而去。

老友骑马行走了几十里之后，越想越觉得心里不舒服：船山与我交往多年，友情甚笃，今日一别，不知何时才能再见，船山兄为什么不肯多送送我呢？莫非是生我的气了吗？而且，今天又没有下雨，他为什么要打雨伞穿木鞋呢？

想到这里，老友便调转马头往回走。当快到王船山家的大门口时，他大老远就看见王船山手里撑着伞孤零零地站在门口，眼睛朝着自己离去的方向张望着。老友下了马，走到王船山面前问道："船山兄，你怎么还在这里站着啊？"

王船山深情地望着老友说道："我在这里送你啊，虽然不能亲自送你，但我要在这里用心送你三十里。"

王船山的话让老友深受感动，他接着问道："那你为什么要穿着木鞋、打着雨伞呢？"

王船山表情严肃地回答说："打雨伞是为了遮天，穿木鞋是为了隔地。"

老友猛然醒悟过来，原来王船山打雨伞是因为不愿意顶清朝的天，穿木鞋是因为不愿意踩清朝的地。他自觉羞愧难当，便红着脸向王船山拱手说道："我已经能够明白你的心，我也非常佩服你的气节，以后多多保重，咱们后会有期！"

说完之后，老友再次上马，离去时还频频回首。

人生短暂，所以不要浪费时间活在别人的生活里，也不要被信条所惑——盲从信条就是活在别人的思考结果里。不要让别人的意见淹没了自己的心声。最重要的是，要有跟随内心与直觉的勇气，因为你的内心与直觉知道你最想成为什么样的人。任何其他的判断与之相比都是次要的。

我们每个人都是这个世界上独一无二的个体,也都有自己与众不同的一面。由于每个人的行为习惯、思维方式、个性特点、品德修养上的不同,导致人与人之间总是存在着很大的差异,因此,彼此之间的矛盾就在所难免。

但这些方面的不同,并不能证明自己的选择就是正确的,别人的选择就是错误的。因为有时候,并不是孰对孰错的问题,而是每个人都有自己的活法,不是所有的人都是一个模子刻出来的。所以,要学会尊重别人的选择,也尊重彼此之间存在的差异,不能因为相互之间存在矛盾就拒绝合作,甚至回避交往。

▶ 放下的智慧

学会互相尊重、互相理解、互相宽容,"和而不同,求同存异",才能实现长远合作,才能让彼此之间保持更长久的友谊。

（第六章）

看透人生，依然热爱生活

看透人生，

看似很难，其实也简单。

不要与人斤斤计较，

不要无端自寻烦恼。

抵得住眼前的利益诱惑，

躲得开世俗的繁文缛节，

舍得下未来的名利地位。

大起大落不怒于行；

大悲大喜不藏于心。

远离愤怒和烦恼，

人生，就会变得透彻而自在。

1.追求心灵的自由

炼心之法，大要只是胸中无一事而已。无一事，乃能事事。此是主静工夫得力处。——弘一法师《格言别录》

功成名就从一定意义上讲并不难，只要用勤奋和辛劳就可以换取，不过就是需要把别人喝咖啡的时间都用来拼搏。就一般情况而言，你多得一分功名利禄，就会少得一分轻松悠闲。而一切名利都像过眼烟云，终究会逝去，人生最重要的，还是拥有一个温馨的家和脚下一片坚实的土地。

小说《飘》的作者玛格丽特·米切尔说过："直到你失去了名誉以后，你才会知道这玩意儿有多累赘，才会知道真正的自由是什么。"盛名之下，是一颗活得很累的心，因为它只是在为别人而活着。我们常羡慕那些名人的风光，可我们是否了解他们的苦衷？

世间有许多诱惑，比如名利和金钱，但那都是身外之物，只有生命最美，快乐最珍贵。我们要想活得潇洒自在，要想过得幸福快乐，就必须学会淡泊名利，不耽于享受，割断权与利的联系，无官不去争，有官不去斗，位高不自傲，位低不自卑，欣然享受清心自在的生活。否则，太看重权力地位，让一生的快乐都毁在争权夺利中，那就太不值得，也太愚蠢了。

弘一法师经历了前半生的繁华后，潇洒转身，以智者的眼光看待名誉、地位。淡泊名利乃是免遭厄运和痛苦的良方，也是得到人生幸福和快乐的智慧所在。要平和地对待生活中的每一件事，要善意地对待周围的每一个人，要永远保持一种真诚、友爱、宽容、健康的心态，用心去感受生活对我们哪怕是极其微小的恩赐。

据说，从前在迪河河畔住着一个磨坊主杰克，他被称为"英格兰最快活的人"。杰克从早到晚总是忙忙碌碌，同时像云雀一样快活地唱歌。杰克是那样的乐观，以至"感染"了周围的人，他们也都乐观起来了。这一带的人都喜欢谈论杰克愉快的生活方式。有一天，国王也听说了杰克，于是说："我要去找这个奇怪的磨坊主谈谈。也许他会告诉我怎样才能快乐。"

国王一迈进磨坊，就听到磨坊主杰克在唱："我不羡慕任何人，不羡慕，因为我要多快活，就有多快活。"

"我的朋友，"国工说，"我羡慕你，只要我能像你那样无忧无虑，我愿意和你换个位置。"

杰克笑了，给国王鞠了一躬："我肯定不和您调换位置，国王陛下。"

"那么，告诉我，"国王说，"是什么使你在这个满是灰尘的磨坊里如此高兴、快活呢？而我，身为国王，却每天都忧心忡忡，烦闷苦恼。"

杰克又笑了，说道："我不知道你为什么忧郁，但是，我能简单地告诉你，我为什么高兴。我自食其力，我爱我的妻子和孩子，我爱我的朋友们，他们也爱我。我不欠任何人的钱。我为什么不应当快活？这里有这条迪河，每天使我的磨坊运转，磨坊把谷物磨成面，养育我的妻子、孩子和我。"

"不要再说了。"国王说，"我羡慕你，你这顶落满灰尘的帽子比我这顶金冠更值钱。你的磨坊给你带来的，要比我的王国给我带来的还多。如果有更多的人像你这样，这个世界该是多么美好啊！"

▶ 放下的智慧

不要以为幸福便等于金钱，不要以为幸福便等于情爱，不要以为幸福就是香车宝马、功名利禄。幸福是一种感觉，是有灵性的东西，是需要有微妙对应的东西。只有懂得收藏才会懂得品味，只有懂得品味才会抓住幸福。其实，对于大多数人来说，在和平年代里，在家境平安的情况下，只要内心充满阳光，一心一意地享受世界的精彩，就已经是幸福了。

⚗ 2.与人为善，谦恭待人

人褊急，我受之以宽宏；人险仄，我待之以坦荡。——弘
一法师《格言别录》

有一种高级的修养，叫与人为善。古话说："善人者，人亦
善之。"在人生的熔炉里摸爬滚打，历经大起大落之后，愈加能
体会到善良的可贵。

常存善心、常行善举，是一种高级的修养，也是内心向善的
人，一生的修行。

李叔同还未出家时，在一所学校当老师。上课时，有一位同
学在看别的书，还有一位同学吐痰在地上。李叔同看到了他们的
行为，但他当时没有作声。

下课后，他把这些同学留下来，等到教室里没有其他人了，
他才温和又坚定地说："下次上课时不要看别的书，下次不要吐
痰在地上了。"说完后，李叔同还向他们鞠躬。学生们顿时羞愧
不已，今后再也不犯了。

李叔同并没有责备学生，但学生们最怕他鞠躬。这种怕不是

害怕，而是羞愧。因为李叔同的和气待人，触动了他们的灵魂。

李叔同不仅和气待人，还教导自己的学生要宽恕他人。他认为没必要计较别人的一些小错误，因为斤斤计较会弄得彼此都不愉快。

所以，做人要谦恭，给人留足余地，这也是为自己的幸福打下基础。不然等到来日落魄了，遭到他人的侮辱和迫害的时候，则悔之晚矣。

法国作家雨果说："世界上最宽阔的是海洋，比海洋宽阔的是天空，比天空宽阔的是胸怀。"以肚量襟怀比喻人的宽容，歌颂人的气度，中外尽然。

明代朱衮在《观微子》中说过："君子忍人所不能忍，容人所不能容，处人所不能处。"能在事业上建功立业、取得成就的，绝非那些胸襟狭窄、小肚鸡肠、斤斤计较之人，而是襟怀坦荡、宽宏大量、豁达大度者。

宋真宗时，有个以宽厚闻名的宰相王旦。王旦十分爱干净，有次家人烹调的羹汤中有不干净的东西，王旦没有指责，而是只吃饭，不喝汤。家人奇怪地问他为什么不喝汤，他说，今天只喜欢吃饭，不想喝汤。还有一次饭里有不干净的东西，王旦也只是放下筷子说，今天不想吃饭，叫家人另外准备稀饭。

如果说忍耐多少掺杂了些无可奈何，那么宽容则是发自内心的襟怀坦荡。人的成熟表现在性情上的温厚平和，岁月的烘烤不知不觉地蒸发了心灵中多余的水分，使宽广的胸怀不至于动辄溢筋，而外面投来的石子也难以激起太大的水花和波纹。宽容别人也就是宽容自己，不苛求别人也就是不苛求自己。

"海纳百川，有容乃大"，宽容是一剂打开心结、化解坚冰的良药。有了宽容，世界才会更美丽；有了宽容，生活才会更美好。能容人处且容人，这是一种为人处事的智慧，是变出美好人生的魔法棒。宽容别人，既是给别人留余地，也是为自己留余地。学会宽容，我们才会发现：生活很美好，世界很美丽。心头的乌云终究挡不住宽容的阳光，这道阳光终将照亮世界上每一个黑暗的角落。

▶ 放下的智慧

以恨对恨，恨永远存在；以爱对恨，恨自然消失。宽容是一种博大的精神境界，是一种高贵的美德。有了宽容，人与人之间才会多一些理解和仁善，世界才会变得更美丽。"世界上最宽阔的是海洋，比海洋宽阔的是天空，比天空更宽阔的是人的胸怀。"宽容更是幸福生活的一个重要因素，有了宽容，家庭才会和睦，工作才会如意。有了宽容，生活才会更幸福！

3.拨开生活的迷雾

余觉前二十年之功，不如近时切实而有味。——弘一法师
《佩玉编》

生活以痛吻我，我却报之以歌。这仿佛就是李叔同一生的写照——经历了无数的苦难，最终遁入了空门，成为弘一法师，报以世间善良。

李叔同出生在一个富商家庭，家中经营着许多的钱庄。他的父亲也是有识之士，中了进士，认识了很多人。在这样一个富裕的家庭里，李叔同享尽了世间的富贵，见识了很多不一样的风景。然而登高必跌重，李叔同六岁那年他的父亲去世了，母亲因为出身不好，受尽了别人的冷眼，连同小小的他也体会了什么叫人情冷暖。

无奈之下，他只能带着母亲离开家，最后去了上海。在上海，他考入了学校，得到了蔡元培的教导，文学造诣也得到了进一步的提升。可惜没多久他的母亲就去世了。母亲的死对他的打击非常大。他带着母亲的灵柩回家，却遭遇家人的阻拦，不让他

们进家门。相信此时的他痛恨死了所谓的"祖宗规矩"。

出家后的李叔同，成了弘一法师。他的人生经历了三个阶段：物质的满足，精神的升华，灵魂的洗礼。出家之后，他不惧艰苦，穿的衣服补完又补，每日两餐粗茶淡饭，云游四方，发扬佛法。他用这种方式回报世间的一切苦难，终成一代大师。

卢梭说过："十岁被点心、二十岁被恋人、三十岁被快乐、四十岁被野心、五十岁被贪婪所俘虏的人，到什么时候才能只追求睿智呢？"李嘉诚说："我要拒绝愚昧，要持恒地终生追求知识，经常保持好奇心和紧贴时势增长智慧，避免不学无术。在过去70多年，虽然我每天工作12小时，下班后我必定学习。"

"贫穷不一定是缺乏金钱，而是对希望及机遇憧憬破灭的挫败感。很多人害怕可上升的空间越来越窄，一辈子也无法冲破匮乏与弱势的局限。我理解这些恐惧，因我曾经一一身受。没有人愿意贫穷，但出路在哪里？"

的确，贫穷不一定是缺乏金钱，心灵的贫瘠更加可怕。

1957年，李嘉诚刚从因为产品质量问题导致的"绝境"中走出来，便开始了他一系列别具新意的"转轨"行动，生产既便宜又逼真的塑料花。这些塑料花投放市场后，渐渐引起人们注意，"长江塑料厂"的名字也开始为人们所熟悉。商场如战场，长江塑料厂的红火自然引起同行的忌妒，有人甚至蓄意要搞垮长江厂。有一天，李嘉诚正在同几名技术工人将设计出来的塑料花进行调色，寻找新的配方时，发现有人在厂门口拍照，要对长江塑料厂做反面宣传。李嘉诚压抑住自己年轻气盛的狂躁情绪，平静地要工人们继续干活，不要被眼前的事情干扰。几天后，这些照片果然刊登在报纸上了，照片上的长江塑料厂显得破旧不堪。拍照者的意图显而易见，就是要置长江塑料厂于死地。李嘉诚很快让自己冷静下来，他决定将计就计，就让这些报纸给他作免费宣传。

他认为应对好了这次事件，能使得他日后的事业更上一层楼。不久之后，李嘉诚拿上报纸和公司的产品，走访了全香港上百家代理商，并坦诚地对他们说："你们看，创业之初我们厂是够破的，我这个厂长也显得面容憔悴、衣冠不整。但请看看我们生产的塑料花，有几款是我们自己设计，连欧美市场都见不到的新产品。我们的质量可以证明一切，欢迎你们到我们厂里参观订购。"经销商们看着眼前这位诚实勇敢的年轻人，为他的敬业精神和商业智慧所折服。很多人起初还有些怀疑，经过多方了解和到厂里参观后，也很快被李嘉诚的创意所吸引。李嘉诚的订单越来越多，而且因为他的价格合理，有些经销商甚至主动提出愿意先付 50% 的订金。

洛克希德·马丁公司前任 CEO 奥古斯丁认为，每一次危机本身既包括导致失败的根源，也孕育着成功的种子。李嘉诚在危机面前采取了冷静的态度应对，巧妙地利用竞争对手的负面宣传扩大了自身的知名度，有效地宣传了自己的产品，借势提高了企业的美誉度，反而赢得了人心。

李嘉诚曾对年轻人这样说："生命抛来一颗柠檬，你是可以把它转化为榨柠檬汁的人。"这颗柠檬可能是一颗很饱满金黄的成熟果实，也或许还带有些许青涩。但无论如何，它都是人生馈赠给你的一份礼物，剩下的任务就是该如何去品尝。柠檬很酸，清爽酸甜的柠檬汁却很可口。但是正如好吃的麻薯是捶打米粒的结果一样，好喝的柠檬汁也是挤压柠檬的结果。

假设我们就是这颗被挤压的柠檬，因为受不了这样的折磨而变得狂躁不安，那么到最后永远只能做一颗酸涩的柠檬，无人问津。如果我们静静地忍受这样的痛苦，享受着过程，最后加上蜂蜜和糖这样的配料，使我们变得成熟，变得可口，就能用我们散发出来的特有的清香，去获取更多品尝者们的赞赏。

▶ 放下的智慧

人生成长的过程就是柠檬成为柠檬汁的过程，柠檬汁里的蜂蜜和糖，不就是我们经历的那些风风雨雨的小故事？品味着用自己人生榨出的柠檬汁，不也是一种幸福？看那些成功的人，不都是这样捧着一杯清香的柠檬汁吗？

ⓓ 4.发自内心热爱工作

元城刘忠定力行不妄语三字，至于七年而后成。力行之难
如此，而亦不可不勉也。——弘一法师《佩玉编》

刚从日本毕业回国的李叔同，迅速转换了自己的身份和穿戴
打扮，"他换上粗布袍子，黑布马褂，布衣鞋子。留学时戴的金
丝边眼镜，换成了黑的钢丝边眼镜"。在日本留学期间，他由内
而外全面"西化"，回到国内，却也能够欣然接受传统地一身布
衣，可见他由内而外流露出兼容中西、博古通今的旷达情怀。

他把艺术真真正正带进了生活中。在李叔同的带动下，学校
的艺术氛围愈加浓厚。漫画家丰子恺、国画大师潘天寿、音乐家
吴梦非、书画家钱君匋等江浙一带的文艺界名流，几乎都曾受到
他人格魅力的熏陶和艺术素养的培养。他要做老师，便一身本领
毫无保留地向学生倾心相授。

李叔同对待教学十分认真，他上一小时课，备课的时间大约
要半天。为了要最经济最有效地使用课堂上的每一分钟，他总是
把必须写在黑板上的内容都预先写好。

头堂课下来，多数同学的姓名他都叫得出来，令学生们感到非常震惊，因为他们从来没有见过这么认真负责的老师。其实，态度认真的李叔同，早在上课之前就拿着学生的花名册逐一默认。他做人做事之严谨，从他的教学态度，甚至他对待生活中的点滴，可见一斑。

孔子说："其为人也，发愤忘食，乐以忘忧，不知老之将至。"就是说一个人若是为了追求事业，是连吃饭睡觉都可以忘掉的。在追求的过程中获得的快乐，也是可以让人忘却其他烦恼的，甚至连进入老年和临近死亡的事，都没有时间去多想。由此可见，也只有那些无事可做的人，才会对于年龄和死亡思来想去，徒生烦恼。发自内心的热爱你的工作，投入其中，则任何人、任何事都打扰不了你。

专注于你的工作，投入万分的热情，这样你才不会觉得厌倦。唯有三心二意，三天打鱼两天晒网的人才会有烦恼、有孤独，因为他们的心时刻被空闲占据着，给予了烦恼和孤独乘虚而入的机会。人在闲着的时候最容易胡思乱想，所以，要想让自己变得有激情、有梦想，就要让自己忙碌起来。而忙碌的真谛就是专注于自己的工作，并且热爱它！

一个人，其生命的价值就在于取得了什么样的成就，当然这成就不单单是指物质方面的。而能做出成就的人都有一个共同点，那就是十分热爱自己的工作。"专心的人最可怕"其实也说明了这个道理，人只要热爱专注自己的工作，总会有一番作为。

我们在生活中常常听别人说起工作狂，其实他们就是用生命在工作。他们的每一分钟，每一刻钟都在和时间赛跑，为了让生命的价值充分地展现出来，他们就愿意用尽全力把工作做好。

但凡取得一些成就的人，都十分热爱自己的工作，可如果没有激情在里面，即使花再多的时间也不可能成就一番事业。所以，要想让自己为自己骄傲，抛却烦恼，不被那些忧郁、孤僻的性格找到自己，那么就要时刻充满激情地投入工作，只有事业才能展现出你的价值。

▶ 放下的智慧

每个人一生都会有很多梦想，所以不可能每个梦想都能一一实现。我们能做的就是专注于一个梦想，找到自己最喜欢做的事，然后通过自己的努力实现它。只要实现一个梦想也算成功，这样远远好过那些只会空想的人。

5.怀着天下第一的"虔诚"心

> 心不妄念，身不妄动，口不妄言，君子所以存诚。内不欺己，外不欺人，上不欺天，君子所以慎独。——弘一法师《格言别录》

千利休在日本茶道界的地位非常尊崇。

相传有一次，有一个名叫上林竹庵的人邀请千利休参加自己的茶会。千利休爽快地答应了，并带众弟子前往。

上林竹庵非常高兴，也非常紧张。千利休和弟子们进入茶室后，上林竹庵亲自为大家烹茶。由于他太紧张了，手有些发抖，致使茶盒上的茶勺跌落、茶具倾倒、茶水四溢，显得十分不雅。千利休的弟子们见了，一个个窃笑不已。可是茶会一结束，作为主客的千利休却赞叹说："主人的茶道堪称天下第一。"

弟子们觉得千利休的话不可思议，便在回途中问千利休："茶勺都掉了，茶具都倒了，还算得上天下第一？"

千利休解释说："那是因为上林竹庵为了让我们喝到最好的茶，所以一心一意去做的缘故。我仔细地观察过他，他并没有留意这些情况，他只管一心做茶。这种心境是最重要的。"

千利休的话，表面看来类似于我们常说的"瓜子不饱暖人心""千里送鹅毛，礼轻情义重"等等。的确，情义无价，能够一心一意地为客人烹茶，尤其是不带丝毫企图的烹茶，光是这份心就称得上天下第一。但跳出茶道之外，其他事情也莫不如此。办什么事，只要心尽到了，问心无愧，便是完美的境界。只要我们像上林竹庵一样，怀着天下第一的"虔诚"心，一心做事，这世上根本就没有做不成、做不好的事。

这个世界有太多的诱惑，很多人往往被这些诱惑所困扰，成了它的奴隶，于是做什么事情都会带一些功利心。这些人总是想占别人的便宜，经常表面一套背后一套，笑里藏刀，让身边的朋友或是同事讨厌至极。一个人，要想获得别人的尊重和喜爱，就必须怀着一颗虔诚的心，答应别人的事情一定要尽心尽力地去完成。即使完不成也没有关系，只要你尽了心，别人也会感激。每个人的心都是肉长的，谁对谁好，谁对谁不好其实大家心知肚明，那些伪善的人最后总会落得众叛亲离。

弘一法师五十寿辰时，丰子恺特意寄去了由自己精心绘制的50 幅画编成的《护生画集》。弘一法师看到作品后十分高兴，并欣然为画集上配写文字，并回信嘱咐丰子恺，希望他能够将此集继续画下去。收到回信后，丰子恺立刻回信向恩师承诺道：世寿所许，定当遵嘱！这 8 个字，让丰子恺用了一生的精力去实现，甚至付出了超乎寻常的代价。

十年后，第二集《护生画集》完成，共 60 幅。弘一法师非常高兴，很快为画集配上了文字，并回信："朽人七十岁时，请仁者作护生画第三集，共 70 幅；八十岁时，作第四集共 80 幅；九十岁时，作第五集，共 90 幅；百岁时，作第六集，共百幅。护生画功德于此圆满。"1942 年，弘一法师圆寂，但是丰子恺又继续画了第三集 70 幅和第四集 80 幅……

随时保持一颗纯洁的心，靠自己的言行举止、踏实稳重去打动别人，不被利益干扰，不被欲望侵蚀，是现代人必须要学习的心态。我们想有一番作为，想让自己能在社会上出人头地，不是靠奢想得来的，也不是靠卑微的手段得来的，而是靠自己的努力、自己的坚持得来的。一心一意地去做某件事，总会有成果。

▶ 放下的智慧

在这个社会里，五光十色的生活给我们带来很多诱惑，面对这些诱惑的时候能不能坚守自己的原则，是成败的要素之一。假如能时刻保持一颗虔诚的心，无私地帮助别人，努力地提升自己，那么就一定会收获自己想要的硕果。想让别人对你产生敬意，让他人对自己产生信任，不妨收起那些虚伪狡诈的人性弱点，把一颗纯净的心呈现出来。你会发现自己的朋友多了，生活精彩了，自己的事业也一步步地走向高峰。

⑩ 6.生命当如烟花般绚烂

珠藏泽自媚，玉蕴山含辉。此涵养之至要。——弘一法师
《佩玉编》

辛亥革命成功时，李叔同极为振奋，作《满江红·民国肇造
填满江红志感》抒发激动的心情："皎皎昆仑，山顶月，有人长
啸。看囊底，宝刀如雪，恩仇多少。双手裂开鼷鼠胆，寸金铸出
民权脑。算此生，不负是男儿，头颅好。荆轲墓，咸阳道。聂政
死，尸骸暴。尽大江东去，余情还绕。魂魄化成精卫鸟，血花溅
作红心草。看从今，一担好山河，英雄造。"

辛亥革命失败后，苦闷、抑郁、彷徨的情绪笼罩着李叔同的
心灵，借着"天之涯，海之角，知交半零落；一壶浊酒尽余欢，
今宵别梦寒"深沉地唱出了时代的感伤和遗憾。从前是亡国的威
胁带来的痛苦，但毕竟还能找到明确的目标；如今则是没有目标
的或目标模糊的苦闷、革命后无路可走的愤懑。在这样的时刻，
他只能去寻求某种新的人生依归。

生活总是这样的相似。

1990年，一个女人曾经在曼彻斯特前往伦敦的火车旅途中，眼前浮现出一个瘦弱、戴着眼镜的黑发小巫师形象，一路上都在对着她微笑。

几年后，她独自带着孩子，在极其艰辛的生活下，创作了一系列风靡世界的小说——《哈利·波特》。这个女人就是被称为魔法妈妈的 J.K. 罗琳。

从 1997 年至今为止的二十多年间，《哈利·波特》系列丛书、电影及周边产品的商业价值超过百亿美元。2010 年 6 月 18 日，在美国佛罗里达州奥兰多环球影城度假村，哈利·波特主题公园正式对外开放，环球影视公司的总裁马克·伍德伯里说，哈利·波特主题公园将成为"具有里程碑意义的项目"。而作者罗琳也以超过 10 亿的身价，越过英国女王，成为英国最富有的女人，以及全球最富有的作家。

《哈利·波特》系列丛书也被翻译成六十多种语言，在世界 200 多个国家累计销售超过 3 亿 5 千万册。由《哈利·波特》系列丛书改编的电影《哈利·波特》系列，更是成就了一批童星。

罗琳的《哈利·波特》是一个出版神话，我们看到的只是魔法妈妈灿烂的笑容，又有多少人知道，《哈利·波特》是在怎样一种环境中诞生的呢？

1994 年的时候，罗琳刚刚和第一任丈夫、葡萄牙记者乔治·阿朗蒂斯离了婚，独自带着年幼的女儿杰西卡在爱丁堡市一幢狭窄的平房中生活。当时罗琳处于失业状态，她的失业救济金刚刚能够支付房租，而租房押金还是罗琳的一个朋友帮她支付的。走投无路的罗琳正是在那幢狭窄的平房中写出了她的第一本《哈利·波特》小说。到了冬季，由于小屋中没有暖气，罗琳便推着婴儿车跑到附近一家咖啡馆边取暖边写作，手头拮据的她只能点一杯咖啡。

由于生活穷困潦倒，单身母亲罗琳陷入了极度的沮丧之中，心情抑郁的她一度考虑自杀。罗琳回忆说："让我放弃这一念头、决心去寻求帮助的原因，可能是我的女儿。我想我的想法是不对的。"

后来罗琳决定到家庭医生那儿接受认知行为治疗，这一治疗方法是通过一系列的心理咨询让病人控制自己的消极想法。由于罗琳的指定家庭医生当时正好外出度假，当罗琳去诊所看病时，另一名顶替上班的医生却对她说："如果你的情绪有点低落，那么就和我的实习护士聊天好了。"罗琳回忆说："可我跟他谈论的是我的自杀想法，而不是'我感到有点痛苦'。幸运的是，两周后，我经常看病的那位医生回来了，并看到了我的就诊单，她立即打电话给我，并为我进行了心理咨询。我认为是她救了我，因为我当时绝对没有勇气再去诊所第二次。"

从痛苦中走过来的罗琳，曾经在一次采访中这样说："我从来没有为自己曾经抑郁沮丧而感到羞耻，从来没有。有什么好羞耻的呢？我度过了一段真正艰难的时光，我非常骄傲我能脱离那种生活。"

在人生的这片汪洋里，我们都只是一艘小船，没有人是例外。在罗琳的人生旅程里，她想过放弃、想过把自己这条船打翻，让自己被海浪吞没，但是她最后还是平静了下来。她用了五年的时间，在汪洋中平静的漂泊，用自己平静的心写出了一个完美的魔法世界。

生命的海域里，幸福就好比是前方的港湾或者灯塔，甚至有时可能只是海市蜃楼。追求幸福的过程就是在带着希望寻找。如果只因为被海市蜃楼蒙蔽了一次双眼就沮丧或者发脾气，那势必就会影响你前行的速度，同时也在磨灭你寻找大陆的信心。相反，你平静地接受这次挫败，也许就能发现好的一面：你比别人多看到了更多美丽的景色，进行了一场免费的旅行。风景看完了，便可以继续扬起小船的风帆，安心去找另一个彼岸。在你安心航行的时候，实际上你已经得到了幸福——你多了一段美好的回忆。

这也就是罗琳所说的："我从来没有为自己曾经抑郁沮丧而感到羞耻，从来没有。有什么好羞耻的呢？我度过了一段真正艰难的时光，我非常骄傲我能脱离那种生活。"

▶ 放下的智慧

置身于汪洋中并不可怕，可怕的是你遇到风浪、看到了海市蜃楼后便在心态上产生了变化。其实幸福的港湾很好找到，只要你怀揣一颗平静的心，向前看，可能就会发现它近在你眼前。

（第七章）

悲喜自渡，人生无处不修行

世间皆苦，唯有自渡。

自渡最好的方式，

就是自修。

自修，首先是修心，

其次是修行。

修心可以养性，

可以渡心；

修行可以养身，

可以渡人，

亦可渡自己。

1.忘我的境界

无心者公，无我者明。——弘一法师《格言别录》

有一次，密禅师刚刚打完锣，南泉禅师问他："你刚才是用手打锣呢，还是用脚打锣？"

密禅师愣在那里，不知如何回答，于是诚恳地说："我不知道，请你指点。"

南泉禅师笑了笑说："好好记住这件事，今后遇到明眼人，你就把今天这件事告诉他，请他解答。"

后来，密禅师遇到了云岩禅师，就把这件事告诉了云岩禅师。云岩禅师听罢一笑，说："这还不简单吗？没有手脚的人才会打锣。"

密禅师如堕五里雾中。

不仅密禅师如堕五里雾中，我们听了也不明所以。没有手脚如何打锣呢？其实云岩禅师的意思很简单，不是没有手脚，而是手脚完全融入了打锣的动作之中。喜欢音乐的朋友经常看到歌星和乐手完完全全沉浸在音乐当中的神情，性格内敛一点的通常满脸陶醉，性格外放一点的往往手舞足蹈，甚至歇斯底里的狂吼乱跳，但他们才不管那些呢，他们追求的就是这种天人合一的境界。这又有点像武侠小说中高手"人剑合一"的境界。悟道和生活也是如此，如果总是执着于"是用手打锣还是用脚打锣"这个问题，即使你真的很会打锣，下次也一定打不好。

正确的做法是，不管别人怎么问你、怎么看你，你只管用心打你的锣就行。只要你是完完全全发自内心地、毫不勉强地、自自然然地去做，就是做事的最高境界。怀着这样的心情做事情，还有什么事情做不好呢？

把自己的心完全融入你要做的事情中，沉浸其内，达到忘我的境界，才更有可能收获你想要的成功。有很多人的心都是浮躁的，做事总是三心二意，不能专心致志地去做一件事情，这样肯定是达不到目的。所以，生活中成功者很少，而普通人很多。我们要想像别人一样获得想要的成功，就必须先把自己的心磨炼好。

弘一法师自幼接触诗书画印，加上天资聪慧，出家前就有人争相收藏他的作品。

出家后，弘一法师自称"朽人"。他将书法作为传播佛学思想的工具和途径，甚至看作佛法本身，境界自然又升华，再上一个台阶。他说："我的字就是法，居士不必过分分别。"因而他不是为书法而书法，为艺术而艺术，他更看重的是文字表情达意的功能，而非在展览或炫耀自己书法方面的造诣与才华。有了这样的心境，笔下自然一派肃然、寂然，平稳冲淡，恬静自适。

在一封弘一法师致马冬涵的书信中，弘一法师谈到对书法的认识："朽人于写字时，……于常人所注意之字画、笔法、笔力、结构、神韵，及至某碑、某帖之派，皆一致屏除，决不用心揣摩。……又无论写字、刻印等，皆足以表示作者之性格（此乃自然流露，非是故意表示）。朽人之字所表示者：平淡、恬静、冲逸之致也。"

这封信写于 1938 年，距弘一法师去世仅剩 4 年时间，可以看作其后期对书法的认知和思想。

我们不要太在意付出多少努力，付出多少汗水；也不要太在意损失了什么，用了多少资源。只要你一心一意地把这件事尽最大的努力做好，成功也好，失败也罢，总归努力过了，已经收获了经验，这已经足够了。有些事情的过程远比结果重要！

生活中很多人总是不明白这一点，他们做一件事情总是刻意去想要消耗多少资源，花费多少资金，往往越执着这些环节的人，越是不容易把事情做好。他们的精力都浪费在了这些事情上，忽略了最重要的"做事"本身，所以才会遭遇失败！

无论做什么事，都要尽心尽力去做，就像对待自己的孩子一样，精心的去照顾、去呵护，不要掺杂着其他的因素在里面，这样才最容易获得成功！

▶ 放下的智慧

专注于自己的工作，你会活得很轻松很快乐，反之，则会被烦恼、忧郁、压抑束缚一生。

每个人都想开开心心的生活，顺顺利利的工作，等到老的时候回望一生不至于留下遗憾。而忘却烦恼，让生命的价值完全展现出来的方式之一就是忘我的工作。忘我是一种境界，忘我的人才更容易在事业上获得成功，因为他们的精力和时间都放在了工作上面，即使他不想成功，成功之手也会随时去"骚扰"他！

2.一颗感恩之心

毋以小嫌疏至戚，毋以新怨忘旧恩。——弘一法师《格言别录》

在生活中，每个人都会或多或少地遇到一些磨难，甚至会活得很辛苦。每个人都有着这样的失意、那样的挫折：生活要吃、要穿，便要去找工作，去挣钱，去养活自己也养活家人；要等着评职称、晋级、涨工资、买房子；要去面对生活中的种种琐事；要应对高考落榜、下岗失业、病痛折磨等不测。这一切其实并不可怕。

浮躁的人可以多读一读弘一法师。越是身处喧嚣的环境，就越需要补养心灵。弘一法师深感佛法高深，他感恩生命的恩赐，在面对变幻无常的未来时，遵循命运的指引。人心易彷徨，人们要学会调整心态，在忙碌的节奏中，找到自己人生的使命。

只要我们能够坚守本心，这一切并不可怕，因为终有一天这些都会成为过去，我们会迎来新的生活。可怕的是，也许有那么一天，我们对生活失去了热情，那样我们的日子就会布满阴霾，生活就会没有亮点，一切就会索然无味。

如果你有一份很好的工作，有和谐的婚姻，孩子聪明乖巧，父母身体健康，经济状况不错，也有很好的朋友，可是你还是觉得有好多烦恼，那就是不知足，不懂感恩了。在这个世界上不是所有的人都有食物，不是所有的人都拥有健康。风雨交加的日子里，有的人没有房子可以遮风挡雨；夜幕落下的时刻，有的人没有灯光可以照明……因此，如果你衣食无虞，你就应该拥有一颗"感恩"的心。

善于发现事物的美好，感受平凡中的美丽，我们就会以坦荡的心境、开阔的胸怀来应对生活中的酸甜苦辣，让原本平淡的生活焕发出迷人的光彩。

其实，"感恩"不一定是要感谢某人的大恩大德。"感恩"是一种生活态度，一种善于发现美并欣赏美的道德情操。人生在世，不如意事十有八九。如果我们困在这种"不如意"之中，终日惴惴不安，那生活就会索然无趣。

有工作可做也是一种幸福。每一份工作都有它的乐趣，我们应该学会珍惜。

当我们埋头工作许多时日，终于在某一时刻圆满地达成了预想的目标，我们站起身来，推开窗，恰好这一天外面是蓝天白云，花香草也香，那么，不要忽略了这一刻，因为这就是幸福。慢慢品味它，享受它，并且收藏它吧。

人的一生，是一个不断感动的过程，也是一个不断寻找自我的过程。我们只有在真切面对自我的时候，才会由衷地感动。起床、吃饭、工作、游戏、休息、交友、恋爱、结婚，最后安眠……这些人生中实实在在的每一个环节让我们领略到生活的乐趣，缺少哪一样都不行。

琐碎的事物撑起了我们真实的生活，因此生活乐趣也应从微小事物中去寻求：美味的食物，真诚的友谊，温煦的阳光，欢愉的微笑。除非获得你的允许，没有人能够令你苦恼。

有一天，俄国作家索洛古勒对列夫·托尔斯泰说："您真幸福，所爱的一切您都拥有了。"托尔斯泰说："不，我并不具有我所爱的一切，只是我所有的一切都是我所爱的。"

也许是生活的压力太大，有些人说："活着，真累。"也许是遇到不顺的事太多，有些人说："活着，真烦。"也许是对柴米油盐的平凡生活厌倦了，有些人说："活着，真没劲。"这里，有一个如何认识生活的问题，也有一个如何调整自己心境的问题。生活是真实而粗糙的，它不会总是一帆风顺，也不会总是充满着戏剧性的高潮，更多的时候它是平凡琐碎的，甚至显得沉闷。我们不可能指望它天天都如狂欢节一般，而我们能够做的就是拥有一种好的心态。不对生活抱有不切实际的幻想，就不会太痛苦和失望……

印度有一个古老的故事，说智者选了100个自以为最痛苦的人，让他们把自己的痛苦写在纸上。写完后，智者说："现在，请你们把手中的纸条相互交换一下。"

结果，这100个人看了别人的纸条之后，个个都非常震惊：过去总以为自己是最不幸的人，现在才知道很多人比自己更痛苦，那么，自己还有什么理由消沉呢？

▶ 放下的智慧

我们都多多少少得到过生活的恩惠，接受过他人的帮助，可我们是不是全都铭记于心，并因此多了一份感恩之情呢？如果你有一颗感恩之心，生活便会在你的眼里变得越来越美好。如果你带着感恩的心情去工作，而不计较金钱得失；你带着感恩的心情去爱，而忘记所有人对你的伤害，那么，你就会觉得生活着的这个世界，就好像是天堂。

⏺ 3.付出是最快乐的事

勿谓善小而不为，勿谓恶小而为之。——弘一法师《佩玉编》

人世间，不劳而获的事情终究太少太少。即使幸运之神来到你的身边，你在"得到"之前，还是要先学会付出。

1917 年秋，刘质平考入东京音乐学校专修音乐理论与钢琴，一直为学习、生活费用所苦恼，难以静心学习。李叔同会同好友为他共同申请官费，但没有成功。刘质平因资金无法维持，有放弃学习的意思，他在给李叔同的信中写道："有负师望，无颜回国，唯有轻生，别无他途！"

李叔同怕刘质平做出什么出格的事儿来，连忙回信，表示自己将每月从微薄薪水中拿出 20 元寄交，并会一直坚持到他"毕业为止"，并给刘质平立下了规矩：

一、此款系以我辈之交谊，赠君用之，并非借贷与君，因不佞向不喜与人通借贷也。故此款君受之，将来不必偿还。

二、赠款事只有吾二人知，不可与第三人谈及……家族如追问，可云有人如此而已，万不可提出姓名。

三、赠款期限，以君之家族不给学费时起，至毕业时止。但如有前述之变故，则不能赠款（如减薪水太多，则赠款亦须减少）。

四、君须听从不佞之意见，不可违背。不佞并无他意，但愿君按部就班用功，无太过不及。注意卫生，俾可学成有获，不致半途中止也……

字字足见其拳拳之心，令刘质平安心不少，并决定留在东京继续学习。

李叔同一生最亲近信赖的学生是刘质平和丰子恺，李叔同与刘质平书信往来长达 27 年之久。及至后来出家，他写给刘质平的信多达上百封，信中常寄墨宝两束，一束赠学生收藏，一束命他送人结缘。从 1915 年起，刘质平就把李叔同的书信、各种文件，片纸只字乃至残稿都视为珍宝，一一收藏。加上与恩师往来密切，经常获得老师的馈赠。据刘质平自己统计，这批墨宝中，计有屏条 10 幅、中堂 10 轴、对联 30 幅、横批 3 条、册页 198 张，另有大量零零碎碎赠给他的字画无数。后来，弘一法师居住在浙江镇海伏龙寺时，刘质平曾前后侍奉一个多月。临别时，李叔同曾对他说："我自入山以来，承你供养，从不间断，我知你教书以来，没有积蓄，这批字件，将来信佛居士中，必有有缘人出资收藏，你亦可将此款作养老及子女留学费用。"所以，刘质平成为收藏弘一法师墨宝最多最全的人。他将它们精心装裱，特制了十二口樟木箱、藤箱，精心收藏。

生活有着丰富的内容，它也会以多种方式给予你无尽的快乐。只是有些人一开始就有些误解，总以为只有从生活中索取才能使一个人快乐，其实不然。站在生活这一烦琐的课题面前，我们应该明白一个道理，那就是给予比接受更令人快乐。

有个小故事，说是有一年的圣诞节，保罗的哥哥送给他一辆新车作为礼物。

圣诞节的前一天，保罗从他办公室出来时，看到街上一名男孩在他闪亮的新车旁走来走去，小心翼翼地摸了摸车身，满脸羡慕的神情。

保罗饶有兴趣地看着小男孩，从他的衣着来看，他的家庭显然不属于自己这个阶层。就在这时，小男孩抬起头，问道："先生，这是你的车吗？"

"是啊，"保罗说，"我哥哥给我的圣诞节礼物。"

小男孩睁大了眼睛："你是说，这是你哥哥给你的，而你不用花一美元？"

保罗点点头。小男孩说："哇！我希望……"

保罗认为他知道小男孩希望的是什么，他一定希望有一个这样的哥哥。

但小男孩说出的却是："我希望自己也能当这样的哥哥。"

保罗深受感动地看着小男孩，问道："要不要坐我的新车去兜风？"

小男孩惊喜万分地答应了。

逛了一会儿之后，小男孩转身对保罗说："先生，能不能麻烦你把车开到我家前面？"

保罗微微一笑，他理解小男孩的想法：坐一辆大而漂亮的车子回家，在小朋友的面前是很神气的事。但他又想错了。"麻烦你停在两个台阶那里，等我一下好吗？"小男孩跳下车，三步两步跑上台阶，进入屋内。不一会儿他出来了，并带着一个显然是他弟弟的小孩，因患小儿麻痹症而跛着一只脚。他把弟弟安置在下边的台阶上，紧靠着他坐下，然后指着保罗的车子说："看见了吗？就像我在楼上跟你讲的一样，很漂亮，对不对？这是他哥哥送给他的圣诞节礼物，他不用花一美元！将来有一天我也要送你一部和这一样的车子，这样你就可以看到我一直跟你讲的橱窗里那些好看的圣诞节礼物了。"

保罗的眼睛湿润了，他走下车子，将小弟弟抱到车子前排座位上，兄弟俩的眼睛里闪烁着喜悦的目光。于是三人开始了一次令人难忘的假日之旅。

在这个圣诞节，保罗明白了一个道理：给予远比接受更令人快乐。

▶ 放下的智慧

人是否拥有快乐，并不是由财富的多少来决定的。由衷的快乐来自分享与付出，能让你周围的人都因为你而快乐，这才是一个人所拥有的真正的快乐。当你是接受方的时候，你只能体会到一个人的快乐；如果你是给予者，那除了你自己会快乐，接受的人也会快乐，这样你就拥有了双重快乐。

4.不抱怨的人最幸福

无事，便思有闲杂妄想否。有事，便思有粗浮意气否。得意，便思有骄矜辞色否。失意，便思有怨望情怀否。——弘一法师《佩玉编》

弘一法师说过："人一定要停止抱怨，向内求。不要看别人的错，你看到的都是你的因果。"人生不如意事十有八九，生活中少一些抱怨，少一些不满，将我们的怨气和不满化作斗志，去争取成功，这样我们就能走出怨愤。一个没有抱怨的世界，才能让生活充满希望，才能让自己走向幸福！幸福是一种心态，重要的是我们远离怨愤，远离悲观，将不满化作动力，相信很快我们就可以走出人生的低谷，走向幸福！

在现实生活中，我们常常听到人们抱怨工作不顺利，并对自己的生活状况不满。实际上，很多时候这是由于我们没有清楚地衡量自己的能力、兴趣、经验，给自己设下了太多障碍，而这些障碍是很难逾越的。当我们面对这些障碍的时候，就难免对现实产生怨言。

有两个漂泊在大海上的人，都想找一块适合生存的土地。有一天，他们发现了一座无人的荒岛，岛上的虫蛇非常多，时时处处都潜伏着危机，生活环境十分恶劣。

其中一个人说："我决定就在这里定居了。这个地方尽管现在不太好，但将来一定会是个好地方。"而另一个人对这个地方十分不满："这哪能生活得下去啊，到处都是虫蛇，危险重重，还得进行建设，环境太恶劣了！我不想在这种鬼地方生活！"于是他继续漂泊，很快找到了一座鲜花烂漫的小岛，岛上已有很多人家，这些人家是海盗的后裔，经过了几代人的努力，将小岛建成了一座美丽的大花园。他于是留在这里做小工，很快就富裕了起来，生活过得还算可以。

很多年过去了，第二个人在一次旅行中路过了那座他曾经放弃的荒岛，他决定去拜访一下当年一起漂泊的朋友。但是，岛上的一切让他一直在怀疑走错了地方：漂亮的屋舍，广阔的畦田，健壮的青年，活泼的孩子……

朋友因劳累过早衰老了，但是精神却很好。特别是说起变荒岛为乐园的经历时，更是津津乐道。最后，朋友指着整个岛自豪地说："这一切，是我用双手创造的，这是我的小岛。"曾错过这个小岛的人，一时无语。

但错过小岛的这个人并没有一丝悔意，还抱怨说："为什么上天这么照顾你？当时我如果留在这个岛上，也许会比现在还要好。"

　　有的人很少去抱怨，他们一直为自己想要的生活奋斗，于是生活变得充满希望和幸福；有的人缺少艰苦奋斗和拼搏的精神，终日在抱怨中生活，他们埋怨一切，生活也过得一团糟。有些人总是喜欢把不满挂在嘴边，时时刻刻怀着不满的心看现实，他们从来不会问自己付出过什么。抱怨是发泄不满的一种方式，是一种很消极的处世态度，与其抱怨，不如勇敢地面对现实，用自己的双手创造出属于自己的美丽小岛！

　　曾经，有个著名的寺院，寺院里有一个脾气古怪的主持，这个主持定了一个非常特别的规矩：每年到年底的时候，每个和尚都要对主持说两个字。

　　有一个人到寺院出家，很快一年过去了，年底的时候，主持问："你心里最想说的是什么？"新和尚回答："床硬！"第二年，主持又问了那个和尚心里最想说什么，那个和尚说："食劣！"第三年年底的时候，还没等主持问的时候，那个和尚说："告辞！"主持望着和尚远去的背影自言自语道："心中有魔，难成正果！惜哉！惜哉！"

　　这个和尚对待世事总持着一种不满的心态，所以不能安于现状，不断地抱怨。但是，他的抱怨也让他无法修成正果。所谓"牢骚太盛防断肠，风物长宜放眼量"，现实已然如此，我们就要坦然面对。如果只会发牢骚，那么，我们将在牢骚中错过人生最好的时光。当我们对现实不满、牢骚满腹的时候，不妨转换一下心情，让乐观主宰自己，远离自己的心魔，相信成功就离你不远了！

生活也是这样，不管做什么事，只要我们远离抱怨，将我们的不满化作前进的动力，这个世上就没有过不去的火焰山。风雨过后，才会见到彩虹，我们只有走出怨愤，才能体会到生活的幸福。

▶ 放下的智慧

泰戈尔说：如果错过了太阳时你流泪了，那么你也要错过群星了。如果稍有不顺，你就让不满左右自己的情绪，那么你失去的将会更多！在我们抱怨的时候，何不学着把看事情的角度稍稍修正，将自己从心魔中解脱出来，站在另一个角落看世界。要懂得放低自己，才能看见自己的缺点。任何抱怨都是无济于事的，勇敢地面对现实吧，用自己的斗志和勇气去征服它！走出抱怨，才能让我们走向幸福。

5.做好小事照样幸福

> 心思要缜密，不可琐屑。操守要严明，不可激烈。——弘
> 一法师《格言别录》

李叔同是"二十文章惊海内"的大师，集诗、词、书画、篆刻、音乐、戏剧、文学于一身，在多个领域备受推崇。他把中国古代的书法艺术推向了一个高峰，"朴拙圆满，浑若天成"，鲁迅、郭沫若等现代文化名人以得到大师一幅字为无上荣耀。他是向中国传播西方音乐的先驱者，所创作的《送别歌》，历经几十年传唱经久不衰，成为经典名曲。

他这辈子有两个身份，一个是世俗的李叔同，另一个是出家的弘一法师。他义无反顾地活成了世人眼中的传奇，用学生丰子恺的话说，他是一个"十分像人的人"。他属于我们的时代，却跳到红尘之外去了。

他尝遍人间滋味，最后在佛理中找到归宿，真正活出了大欢喜，并且为世人留下了大智慧。他是一个成功的人，在他所从事的任何行业都取得了非凡的成就。

如果我们每个人都像弘一法师那样，一心一意地做事，世间就没有做不好的事。这里所讲的事，有大事，也有小事，所谓大事小事，只是相对而言。很多时候，小事不一定就真的小，大事不一定就真的大。关键在做事时的认知能力。那些一心想做大事的人，常常对小事嗤之以鼻，不屑一顾。然而，连小事都做不好的人，做大事是很难成功的。

做好每件小事，这也是一种幸福。欲望让很多人变得浮躁，变得对小事不屑一顾，只想做大事，梦想一举成功，名利双收！这对很多人来说自然是不切实际的，毕竟对大多数人来说，能够做好生活中的每件小事，就是一种成功了。

就像水温升到99℃，还不是开水，其价值有限；若再添一把火，在99℃的基础上再升高1℃，就会使水沸腾，并产生大量水蒸气来开动机器，从而获得巨大的经济效益。100件事情，哪怕99件事情做好了，只有1件事情未做好，这1件事就有可能对某一单位、某一宿舍、某个人造成100%的影响。因此，人们常常说"细节决定成败"。而对大多数人来说，就是细节决定幸福。只要我们能够做好身边的每一件小事，即使在别人看来微不足道，但是对我们来说，这都是一种成功，是一种微小的幸福。

在军队中流传着这样一句名言：战场上无小事。而"战场上无小事"同样适用于企业，适用于企业中的每一位员工，因为，在工作中也没有小事。一个人连小事都做不好，工作粗枝大叶，是难以成就一番大事业的。况且芸芸众生，能做大事的机会实在少而又少，多数人面对的多数情况是做一些具体的事、琐碎的事、单调的小事。也许过于平淡，也许鸡毛蒜皮，但这就是日常，这就是成就大事不可缺少的基础。

在工作中，没有任何一件事情，小到可以被抛弃；没有任何一个细节，细到应该被忽略。同样是做小事，不同的人会有不同的体会和成就。不屑于做小事的人做起事来十分消极，不过是在工作中混时间；而积极的人则会安心工作，把做小事作为锻炼自己、深入了解单位情况、加强业务知识、熟悉工作内容的机会，会利用小事去多方面体会，增强自己的判断能力和思考能力。大事是由众多的小事积累而成的，忽略了小事就难成大事。从小事开始，逐渐锻炼意志、增长智慧，日后才能做大事。而眼高手低者，是永远干不成大事的。通过小事，可以折射出你的综合素质，以及你区别于他人的特点。从做小事中见精神、得认可，"以小见大"，赢得了人们的信任，你才能得到干大事的机会。

事实上，我们工作中出现的问题，很多只是因为一些细节、小事上做得不完全到位，而恰恰是这些细节的不到位，结果造成了较大影响。对很多事情来说，执行上的一点点差距，往往会导致结果上出现很大的差别。

有一家纺织品销售公司，老板吩咐三个员工去做同一件事：去一位供货商那里调查一下他们公司纺织品的数量、价格、品质。第一位员工一天后就完成了任务，原来他没有亲自去调查，而是向下属打听了供货商的情况就做了汇报。第二位员工两天后回来汇报，他亲自到供货商那里了解了商品的数量、价格、品质。第三位员工三天后才回来汇报，原来他不但亲自到供货商那里了解了具体的数量、价格、品质，而且还根据公司的采购需求，将供货商那里最有价值的商品做了详细记录，并且和供货商的销售经理取得了联系，在返回途中，他还去了另外两家供货商那里了解同类商品的相关信息，将三家供货商的情况做了详细的比较，制定出了纺织品的最佳购买方案。

这就是是否用心工作的区别。假如你是领导的话，你也该知道哪一个人做得更好，更应该得到晋升。我们周围也有很多人会有这样的想法：对待工作差不多就行；对得起那点工资就够了；到点上班，准时下班；不主动做一些职责以外的事情；稍遇挫折就抱怨、退缩。结果如何呢？只能是平庸。抱着不愿做的态度做事，结果也只能是无所作为。

一个人有没有把小事干好的精神，有没有坚持不懈的毅力，这对工作本身来讲有着本质的区别。这就像烧水，水烧到 99℃ 了，你觉得差不多了，不用再烧了，而结果却是永远喝不到烧开的水。放到工作中，便永远不能得到更好的前程。

▶ 放下的智慧

在生活中便是这样，只有做好了身边的每件小事，我们才能有成就感，而做好每件小事，对我们来说也是一种幸福。大海不拒细流，方能成其大。幸福无关大小，即使再微小的事情，只要做好了，我们依然可以体会到幸福！

6.善良如灯，照亮前路

不只在困苦时知道努力向上，就是享乐时也随时留心，因为快乐不是永久可靠，不好好向善努力，很快会堕落失败的。——弘一法师

有时候，善比爱更重要，或者说没有了善便也就没有了爱。设想一下，如果心里稍稍有一点点的善念，还会有那么多的假冒伪劣产品吗？如果为了多赚些钱，连炸油条都要用恶心的地沟油，卖螃蟹也要塞进几只死蟹，当这样的事情越来越多地包围住我们，我们的感动当然就一点点被蚕食了。善没有了，感动也就成了无本之木。若是整个社会都这样冷漠，该是多么可怕的事情。

善良的人善于包容，因为他知道个人的境遇决定他的行为，出必有因。善良的人常常快乐，身边的一点一滴皆是他们快乐的源泉，不管是好的，还是坏的。因为好坏相生，生活本就甘苦相随，而我们，当勇于接受磨砺。

有人言，善良无须回报，但人却总期盼结果。其实结局如何

并无所谓，你若真做到了善，内心必会感到深切如呼吸了新鲜空气般的愉悦。但善也需要历练，生活中无论是什么东西都必须学会成长，一如历史之进步，善良亦如是。就把这磨折当作飞翔前的蜕壳，你必将迎来新生，新的旅程正要开始。

善良之人必有胸襟，胸襟之前必有智。你若做到了，也许你已达到善的境界，可以坦然面对芸芸众生了。

从前有个国王，非常宠爱他的儿子。这位年轻的王子过着衣来伸手、饭来张口的日子，要什么有什么。可是，他从来没有开心地笑过一回，常常愁眉紧锁，郁郁寡欢。

有一天，一位魔术师走进王宫对国王说，他能让王子快乐起来。国王兴奋地说："如果你能办成这件事，宫里的金银财宝你随便拿。"

魔术师带着王子进了一间密室，他用白色的东西在一张纸上涂了些笔画，然后交给王子，并嘱咐他点亮蜡烛，看纸上会出现什么。说完，魔术师走开了。

年轻的王子在烛光的映照下，看见那些白色的字迹化作美丽的颜色，变成这样几个字："每天为别人做一件善事。"王子依此去做，不久，他果然成为一个快乐的少年。

刘备曾教导儿子刘禅说："勿以善小而不为，勿以恶小而为之。"善良是一种巨大的力量，任何力量都不如善良的力量大。善良并不体现在礼物上，而在于一个人诚挚的内心。有的人能从钱包里掏钱出来送给别人，但他的心却冰冷漠然。用钱财表现出来的好心不仅不可靠，而且往往带来负面影响。

我们如果常存乐善好施、成人之美的好心，这个世界又会减少多少忧伤和怨叹。

善良如灯，一灯可燃千百灯。我们推崇善良仁厚等美德，因为它们就像一盏温暖的灯，可以刺破黑暗，用光明照亮别人。

▶ 放下的智慧

在一念之间所作出的决定，说不定可以影响到一个人的一生。用自己的善意为别人带去帮助，看到他们感动的笑容，就是自己最大的幸福。

善良如灯——它会在小小的细节里照亮一个晦暗的心灵，点亮弱者逆境中的人生。